Berndt

Messen, Steuern und Regeln
mit
Arduino & Compact

4

Hans-Joachim Berndt

Messen, Steuern und Regeln

mit

Arduino & Compact

Praxis und Theorie für den eigenen Schreibtisch

Messwerte, Diagramme, Programme - ohne C und ohne Python

Gesamtband

© 2022 Hans-Joachim Berndt

Alle Rechte vorbehalten

© 2022 Independently Published

Die in diesem Buch veröffentlichen Beiträge, insbesondere alle Aufsätze und Artikel sowie alle Entwürfe, Pläne, Zeichnungen und Illustrationen sind urheberrechtlich geschützt. Ihre auch auszugsweise Vervielfältigung und Verbreitung sind grundsätzlich nur mit vorheriger schriftlicher Zustimmung des Autors gestattet. Die Informationen im vorliegenden Buch werden ohne Rücksicht auf einen eventuellen Patentschutz veröffentlicht. Bei der Zusammenstellung von Texten und Abbildungen wurde mit größter Sorgfalt vorgegangen. Trotzdem können Fehler nicht vollständig ausgeschlossen werden. Der Autor kann für fehlerhafte Angaben und deren Folgen weder eine juristische Verantwortung noch irgendeine Haftung übernehmen.

Paperback: ISBN: 9798840922422   Hardcover: ISBN: 9798846813533

Vorwort

Dieses Buch unterscheidet sich von anderen Arduino-Büchern. Preiswerte Hardware trifft hier auf frei kopierbare Anwender-Software für verschiedenen Betriebssysteme wie Windows, Linux oder auch für den winzigen Computer Raspberry Pi Zero. Ursprünglich entwickelt für die ersten Schritte im technisch-naturwissenschaftlichen Bereich der Primar- und Sekundarstufe I in Zusammenarbeit mit Lehrmittel-Hardware, verwendet das Konzept aktuell weit verbreitete Mikrocontroller, wie z. B. einen Arduino.

Dieses Konzept dient der einfachen und unkomplizierte Handhabung der Hardware und erlaubt ein Selbststudium von Grundlagen in Praxis und Theorie in der Ausbildung und für den neugierigen Hobbyisten. Ohne die Ablenkung von zu Beginn meist undurchsichtigen Hochsprachen wie C und Python kann hiermit die Hardware sofort zum Einsatz kommen. Einfache Programm-Steuerungen werden unterstützt. Dazu ist eine ständige Verbindung zwischen Hardware und PC bzw. Tablet erforderlich. Das ist in der Regel ein USB-Anschluss oder aber auch eine kabellose Bluetooth-Verbindung.

Wegen der Verbreitung steht der Arduino Uno im Vordergrund und wird von *Compact* besonders unterstützt. Ein UNO R3 lässt sich ohne Hilfe von Fremdprogrammen einmalig vorbereiten damit *Compact* den Arduino als Mess- und Steuerinterface verwenden kann. Auch ein €4-Raspberry Pi Pico mit RP2040 kann als ein solches Interface dienen.

Runterladen, auspacken, anschließen und loslegen.

Hans-Joachim Berndt, Sommer 2022

www.hjberndt.de

Inhalt Übersicht

1	EINLEITUNG	17
2	COMPACT OHNE HARDWARE	23
3	COMPACT MIT ARDUINO	53
4	ANALOGE EIN- UND AUSGÄNGE	69
5	SENSOREN UND VERSTÄRKER	97
6	DIGITALTECHNIK	125
7	COMPACT UND ERWEITERTE HARDWARE	145
8	COMPACT UND LINUX	157
9	ANHANG	177
	LITERATURVERZEICHNIS	203
	ABBILDUNGSVERZEICHNIS	204
	STICHWORTVERZEICHNIS	208

Inhalt

1		EINLEITUNG	17
	1.1	Schnelleinstieg: Auspacken, Einstecken, Blinken	19
	1.2	Prinzip Compact	20
2		COMPACT OHNE HARDWARE	23
	2.1	Ein- und Ausgänge	23
	2.2	TY-Schreiber	26
	2.3	XY-Schreiber	31
	2.4	Bit-Schreiber	34
	2.5	Programm	35
3		COMPACT MIT ARDUINO	53
	3.1	Digitale Ein- und Ausgänge	55
	3.2	Analoge Ausgänge	63

4	**ANALOGE EIN- UND AUSGÄNGE**	69
4.1	Zwei Voltmeter und ein Spannungsteiler	70
4.2	Strom, Spannung, Widerstand	72
4.3	Reihenschaltung von Widerständen	74
4.4	Messbereichserweiterung	75
4.5	Gemischt parallel	77
4.6	Strom-Messungen	80
4.7	Digital/Analog-Wandler mit der 8-4-2-1-Methode	82
4.8	Kennlinien mit Compact	84
4.9	R2R-Digital/Analog-Wandler mit 8 Bit	87
4.10	Innenwiderstand einer Spannungsquelle	94

5	**SENSOREN UND VERSTÄRKER**	97
5.1	Temperatur-Sensor LM35	98
5.2	Luftzug-Sensor im Eigenbau	101
5.3	Spannungsfolger oder Impedanzwandler	102
5.4	Invertierender Verstärker und Thermoelement	104
5.5	Auf- und Entladekurve Kondensator	106
5.6	Fotowiderstand und Messbrücke	108
5.7	Differenzverstärker mit Brücke	110
5.8	Wägezelle: DMS-Messbrücke	111
5.9	A/D-Wandler mit Komparator - Leuchtband	114
5.10	Schmitt-Trigger	116

6	**DIGITALTECHNIK**	125
6.1	Dualzahlen und Bits	125
6.2	Logische Gatter und Funktionen	126
6.3	Halbaddierer	133
6.4	Flip-Flop in NOR als Bit-Speicher	135
6.5	Dual-Vorwärtszähler	137
6.6	Rechnen und Schieben	139
6.7	Bitweise Operation mit XOR	141
6.8	Bit-Taster-LED	141
6.9	De Morgan	142

7	**COMPACT UND ERWEITERTE HARDWARE**	145
7.1	Bluetooth	146

	7.2	DigiSpark	149
	7.3	Pi Pico mit RP2040	150
	7.4	MCP4725 - Analoger Ausgang	151
	7.5	Servo-Motor als Steuergerät	152
	7.6	Prinzip Software Module mit Arduino IDE	154
8	**COMPACT UND LINUX**		**157**
	8.1	Arduino oder Nicht Arduino	158
	8.2	I²C Prinzip	159
	8.3	I²C-Schnittstelle Raspberry Pi und PC	160
	8.4	I²C-Komponenten	166
	8.5	PCF8574: Ein- und Ausgänge	168
	8.6	PCF8574: Schreibe auf LCD	169
	8.7	PCF8591: Analog-Wandler	171
	8.8	ADS1115: Analog/Digital-Wandler	176
	8.9	BH1750: LUX-Sensor	176
9	**ANHANG**		**177**
	9.1	Befehlsübersicht	177
	9.2	Verschaltung des Arduino als PC-Interface	183
	9.3	MicroPython Installation	185
	9.4	INI-Datei	187
	9.5	Hinweise zu Hardware	189
	9.6	Listings	193
LITERATURVERZEICHNIS			**203**
ABBILDUNGSVERZEICHNIS			**204**
STICHWORTVERZEICHNIS			**208**

INHALT DETAILLIERT

1	**EINLEITUNG**	**17**
1.1	SCHNELLEINSTIEG: AUSPACKEN, EINSTECKEN, BLINKEN	19
1.2	PRINZIP COMPACT	20
2	**COMPACT OHNE HARDWARE**	**23**
2.1	EIN- UND AUSGÄNGE	23
2.2	TY-SCHREIBER	26
2.2.1	*Addition, Subtraktion, Multiplikation*	*27*
2.2.2	*Logger*	*29*
2.2.3	*Programm-Steuerung*	*30*
2.3	XY-SCHREIBER	31
2.3.1	*Addition und Subtraktion*	*32*
2.3.2	*Programm-Steuerung*	*33*
2.4	BIT-SCHREIBER	34
2.5	PROGRAMM	35
2.5.1	*Variable*	*36*
2.5.2	*Befehle*	*37*
2.5.3	*Wiederholungen*	*37*
2.5.4	*Verzweigung*	*38*
2.5.5	*Programm schreiben und editieren*	*39*
2.5.6	*Programm speichern*	*43*
2.5.7	*Programm laden bzw. öffnen*	*43*
2.5.8	*Beispiele ohne Hardware*	*44*
2.5.8.1	Blink	44
2.5.8.2	Lauflichter	46
2.5.8.3	Ampelsteuerungen	47
2.5.8.4	Rechnen mit Zahl	48
2.5.9	*Erweiterte Befehle*	*49*
2.5.9.1	Zahl – Logische Funktionen	49
2.5.9.2	Analoger Ausgang	50
2.5.9.3	Ausgänge	51
2.5.9.4	Schreibe XY-Schreiber	51
3	**COMPACT MIT ARDUINO**	**53**
3.1	DIGITALE EIN- UND AUSGÄNGE	55
3.1.1	*Blink – Hallo Hardware*	*55*

	3.1.2		*Ampel-Steuerung*	*56*
	3.1.3		*Taster*	*58*
	3.1.4		*Relais*	*58*
	3.1.5		*Kodeschloss PIN*	*61*
	3.2	ANALOGE AUSGÄNGE		63
	3.2.1		*Analoger Ausgang: Puls-Breiten-Modulation*	*65*
	3.2.2		*Arithmetischer Mittelwert*	*66*
	3.2.3		*Messen am PWM-Ausgang*	*67*
4	**ANALOGE EIN- UND AUSGÄNGE**			**69**
	4.1	ZWEI VOLTMETER UND EIN SPANNUNGSTEILER		70
	4.2	STROM, SPANNUNG, WIDERSTAND		72
	4.3	REIHENSCHALTUNG VON WIDERSTÄNDEN		74
	4.4	MESSBEREICHSERWEITERUNG		75
	4.5	GEMISCHT PARALLEL		77
	4.6	STROM-MESSUNGEN		80
	4.7	DIGITAL/ANALOG-WANDLER MIT DER 8-4-2-1-METHODE		82
	4.8	KENNLINIEN MIT COMPACT		84
	4.9	R2R-DIGITAL/ANALOG-WANDLER MIT 8 BIT		87
	4.9.1		*Theorie mit 2 Bit*	*89*
	4.9.2		*Praxis mit 2 Bit*	*92*
	4.9.3		*Spannungs-Steuerung*	*92*
	4.10	INNENWIDERSTAND EINER SPANNUNGSQUELLE		94
5	**SENSOREN UND VERSTÄRKER**			**97**
	5.1	TEMPERATUR-SENSOR LM35		98
	5.1.1		*Nicht-invertierender Verstärker*	*98*
	5.2	LUFTZUG-SENSOR IM EIGENBAU		101
	5.3	SPANNUNGSFOLGER ODER IMPEDANZWANDLER		102
	5.4	INVERTIERENDER VERSTÄRKER UND THERMOELEMENT		104
	5.5	AUF- UND ENTLADEKURVE KONDENSATOR		106
	5.6	FOTOWIDERSTAND UND MESSBRÜCKE		108
	5.7	DIFFERENZVERSTÄRKER MIT BRÜCKE		110
	5.8	WÄGEZELLE: DMS-MESSBRÜCKE		111
	5.9	A/D-WANDLER MIT KOMPARATOR - LEUCHTBAND		114
	5.10	SCHMITT-TRIGGER		116
	5.10.1		*Schmitt-Trigger nicht-Invertierend*	*116*
	5.10.2		*Schmitt-Trigger invertierend*	*121*

6 DIGITALTECHNIK 125

6.1 Dualzahlen und Bits 125
6.2 Logische Gatter und Funktionen 126
6.2.1 UND-Verknüpfung 127
6.2.2 ODER-Verknüpfung 129
6.2.3 NICHT-Verknüpfung 130
6.2.4 NAND, NOR, XOR 131
6.3 Halbaddierer 133
6.4 Flip-Flop in NOR als Bit-Speicher 135
6.5 Dual-Vorwärtszähler 137
6.6 Rechnen und Schieben 139
6.7 Bitweise Operation mit XOR 141
6.8 Bit-Taster-LED 141
6.9 De Morgan 142

7 COMPACT UND ERWEITERTE HARDWARE 145

7.1 Bluetooth 146
7.2 DigiSpark 149
7.3 Pi Pico mit RP2040 150
7.4 MCP4725 - Analoger Ausgang 151
7.5 Servo-Motor als Steuergerät 152
7.6 Prinzip Software Module mit Arduino IDE 154

8 COMPACT UND LINUX 157

8.1 Arduino oder Nicht Arduino 158
8.2 I²C Prinzip 159
8.3 I²C-Schnittstelle Raspberry Pi und PC 160
8.3.1 Raspberry Pi 161
8.3.2 PC unter Linux 162
8.4 I²C-Komponenten 166
8.5 PCF8574: Ein- und Ausgänge 168
8.6 PCF8574: Schreibe auf LCD 169
8.7 PCF8591: Analog-Wandler 171
8.7.1 Poti steuert LED 172
8.7.2 LDR steuert LED 173
8.7.3 Entladekurve 173
8.7.4 Messbrücke mit PCF8591 175

	8.8	ADS1115: ANALOG/DIGITAL-WANDLER	176
	8.9	BH1750: LUX-SENSOR	176
9	**ANHANG**		**177**
	9.1	BEFEHLSÜBERSICHT	177
	9.2	VERSCHALTUNG DES ARDUINO ALS PC-INTERFACE	183
	9.3	MICROPYTHON INSTALLATION	185
	9.4	INI-DATEI	187
	9.5	HINWEISE ZU HARDWARE	189
	9.6	LISTINGS	193
	9.6.1	*Sketch CLAB Standard Arduino*	*193*
	9.6.2	*Sketch CLAB MCP4725 DAC*	*195*
	9.6.3	*Sketch CLAB Servo*	*197*
	9.6.4	*Sketch CLAB DigiSpark*	*199*
	9.6.5	*Script USB.CLAB.py für RP2040*	*200*

LITERATURVERZEICHNIS	**203**
ABBILDUNGSVERZEICHNIS	**204**
STICHWORTVERZEICHNIS	**208**

1 Einleitung

Dieses Buch richtet sich an Interessierte aus dem Bereich Schule und Ausbildung, sowie Hobby und Freizeit. Es stellt die Möglichkeit vor, mit preiswerter Hardware und einer kostenlosen Applikation, die für mehrere Betriebssysteme verfügbar ist, auf einfachste Weise und weitgehend ohne tiefere Vorkenntnisse Messungen und Steuerungen vom PC aus sofort durchzuführen. Ziel ist es den Lesenden in die Lage zu versetzten durch verschiedene einfache Schaltungsaufbauten auch die damit verbundenen Grundlagen anhand von eigenen Messungen nachvollziehen und begreifen zu können. Das Anfängerpraktikum für den eigenen Schreibtisch in Form dieses Buches kann es dem neugierigen Anwender eines Arduino, oder entsprechender Hardware, ermöglichen in der eigenen Umgebung und der eigenen Geschwindigkeit mit praktischen Aufbauten theoretische Zusammenhänge im Selbststudium zu erarbeiten und zu überprüfen.

Im weitesten Sinne wird das Konzept der experimentellen Methode zur Anwendung gebracht. Der optionale theoretische Zusammenhang steht erst an zweiter Stelle, um die gefundenen praktischen Ergebnisse eventuell zu überprüfen. Die verwendete Software *Compact* lässt sich auch ganz ohne Hardware verwenden, der Erkenntnisgewinn ist dadurch jedoch eingeschränkt. Ein Arduino Uno kann sofort als Mess- bzw. PC-Interface Verwendung finden, um die folgenden Themen in Praxis und Theorie zu bearbeiten:

- Grundlagen des Gleichstromkreises mit
    - Strom, Spannung, Widerstand: Ohm'sches Gesetz
    - Reihenschaltung
    - Parallelschaltung
    - Messbereichserweiterung
    - Strom-Messungen
    - Digital/Analog-Wandler, Kennlinien

- Sensoren
    - Temperatur-Messungen
    - Luftzug-Sensor
    - Thermoelement
    - Lichtempfindlicher Widerstand LDR
    - Dehnungsmessstreifen DMS – Waage
    - Messbrücke

- Messverstärker mit Operationsverstärker
    - nicht-invertierender Verstärker
    - invertierender Verstärker
    - Spannungsfolger oder Impedanzwandler
    - Komparator
    - Differenzverstärker
    - Schmitt-Trigger invertierend
    - Schmitt-Trigger nicht-invertierend

- Digitaltechnik
    - Dualzahlen und Bits
    - Logische Gatter und Funktionen
    - Halbaddierer
    - Flip-Flop als Bit-Speicher
    - Dual-Vorwärtszähler
    - Schieberegister
    - De-Morgansche Gesetze

- Programmierung
    - Steuerungen: Ein- und Ausgaben
    - Wiederholungen und Verzweigungen
    - Messungen und Diagramme
    - Einfache Regelungen

1.1 Schnelleinstieg: Auspacken, Einstecken, Blinken

Die kostenlose Software *Compact* aus eigener Feder, die für mehrere Plattformen wie Windows und Linux verfügbar ist, berücksichtig als Hardware einen Arduino Uno R3 in besonderer Weise. Ist ein solcher sogenannter Mikrocontroller schon verfügbar, kann in kürzester Zeit die erste Steuerung realisiert werden. Die einzelnen Schritte sind:

- *Compact* für den eigenen Computer herunterladen, entpacken und starten
- Arduino Uno R3 per USB mit dem Computer verbinden
- Die neu erscheinende serielle Schnittstelle wählen
- Mit *Compact* ein Programm in den Arduino einmalig übertragen

Wenn *Compact* den Arduino erkennt, kann mit Ausgang 3 die eingebaute LED des Mikrocontrollers per Maus, Tastatur oder Touch geschaltet werden.

Unter Linux muss eventuell die serielle Schnittstelle für den Benutzer zugänglich gemacht werden. Details werden angezeigt, wenn das Feld der seriellen Schnittstelle mit der Maus überfahren wird.

Ist noch keinerlei kompatible Hardware vorhanden, kann für ein- bis zweistellige Beträge ein solcher Mikrocontroller erworben werden. In der Zwischenzeit lässt sich *Compact* auch ohne angeschlossene Hardware im sogenannten Simulationsmodus benutzen. Kapitel 2 verwendet keinerlei Hardware und erläutert die Möglichkeiten des Programms auf diese Weise. Es benutzt diese simulierten Messwerte, um die ersten Schritte mit den eingebauten Werkzeugen TY-Schreiber, XY-Schreiber, Bitschreiber und Programm zu gehen.

1.2 Prinzip Compact

Compact benutzt aktuelle Mikrocontroller als sogenanntes PC-Interface zum Messen und Steuern. Dabei besteht eine ständige Verbindung zwischen Gerät und PC. Die Verbindung erfolgt über USB-Kabel oder drahtlos über Bluetooth. Alle Aktionen gehen vom Computer und *Compact* aus. Das PC-Interface hat dabei die folgenden Eigenschaften, die vom jeweiligen Mikrocontroller emuliert werden.

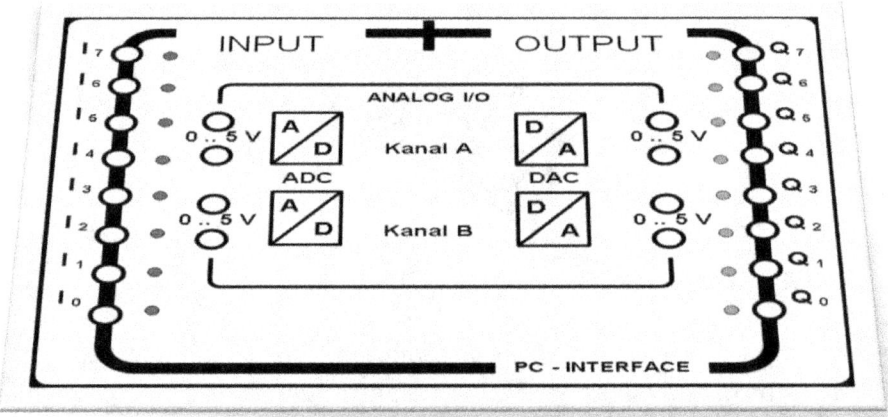

Abbildung 1-1: Phantom-PC-Interface für Compact Red Needle Edition

Das Phantom-Interface besitzt:

- 8 digitale Ausgänge (für LED, Relais, Motoren)
- 8 digitale Eingänge (Taster, Schalter, Sensoren)
- 2 analoge Eingänge (Analoge Sensoren)
- 2 analoge Ausgänge (stetige Steuerungen)

Eine reale und praktische Umsetzung kann unterschiedlich ausfallen, je nach Preis und Bedarf, beginnend bei €4 für einen Pi Pico mit RP2040. *Compact* versucht durch bewusst begrenzt erscheinende Möglichkeiten die Konzentration auf das Wesentliche zu erhöhen. Als Beispiel sei die relativ niedrige 8 Bit Auflösung der Analog-Eingänge zu nennen, die dazu führt, dass Zahlen meist nur im Bereich von 0 bis 255 vorkommen, welche genau der Größe eines Bytes entsprechen, die Programmiersprache kennt somit auch nur einen Variablenspeicher für eine Ganzzahl.

Compact bietet zunächst eine Übersicht der Ein- und Ausgänge dieses Interfaces mit einigen angehängten Werkzeugen wie Zeitschreiber, XY-Schreiber, Logik-Schreiber und eine einfache Programmiermöglichkeit.

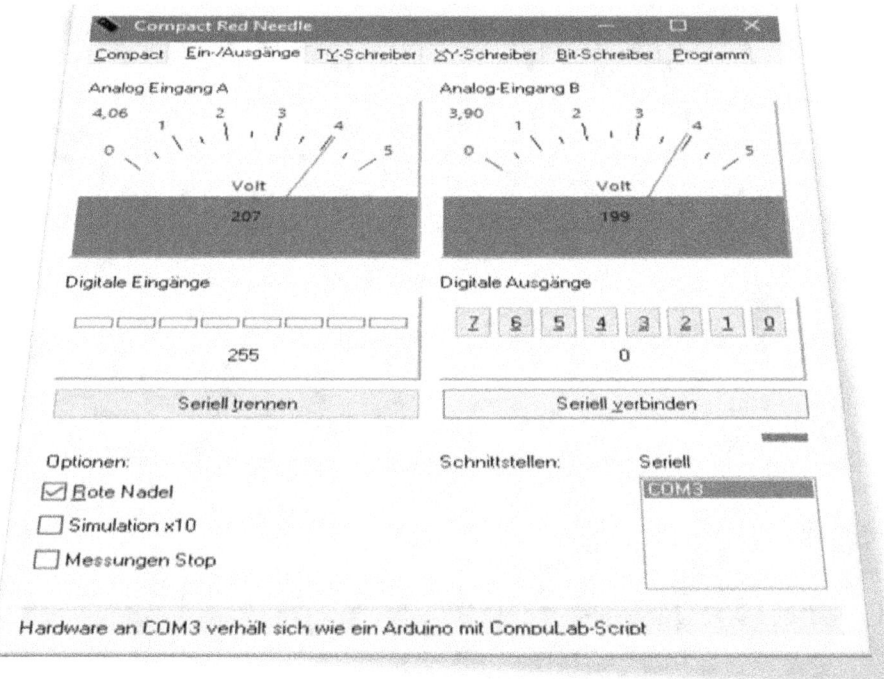

Abbildung 1-2 Startbildschirm von Compact Red Needle bei erkanntem Arduino

Bei erkannter Hardware schaltet die Nadel automatisch um auf Rot.

2 COMPACT OHNE HARDWARE

Nach dem Download und dem Entpacken in einem beliebigen Verzeichnis ist *Compact* ausführbereit. Der Startbildschirm zeigt sich entsprechend Abbildung 1-2 und ist unterteilt in die analogen Eingänge, die digitalen Aus- und Eingänge, die verfügbaren seriellen Schnittstellen und einige Schnelleinstellungen. Die Verbindung und die Trennung von PC und Interface erfolgt über die beiden entsprechend beschrifteten Schaltflächen. Die einzelnen Elemente enthalten kleine Tipps, sogenannte Tooltips, als Hinweise bei eventuell angeschlossener Hardware (vgl. Tabelle 3-1).

2.1 EIN- UND AUSGÄNGE

Im oberen Teil des Startbildschirms fallen zunächst zwei analoge Anzeigen auf, die sich langsam ändernde Spannungen darstellen. Diese Spannungen werden zunächst simuliert und bestehen aus zwei zeitlich leicht versetzten Sinusschwingungen im Bereich 0 bis 5 Volt.

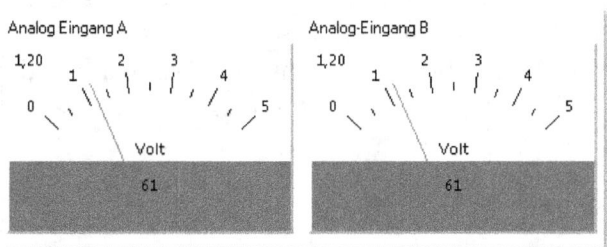

Abbildung 2-1: Typische analoge Anzeige des PC-Interfaces Arduino in Compact

Die Skala zeigt im oberen, linken Bereich zusätzlich den Analogwert als Zahlenwert an. Im unteren Teil des jeweiligen Analogmeters steht der Zahlenwert, der dieser Spannung bei einer Auflösung von 8 Bit entspricht.

Unterhalb der analogen Anzeigen sind die jeweils acht digitalen Ein- und Ausgänge dargestellt.

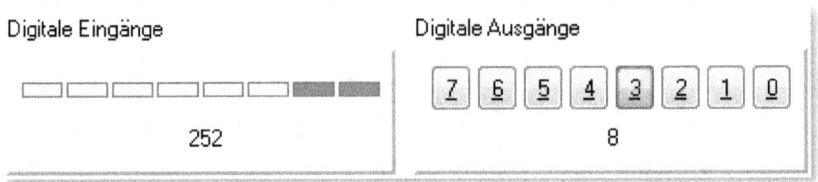

Abbildung 2-2: Digitale Ein- und Ausgänge

Die digitalen Ausgänge sind nach der Wertigkeit der einzelnen Bit in diesem Byte mit ihrer Zweierpotenz durchnummeriert. So entspricht ein eingeschalteter Digitalausgang 3 dem Bitmuster

$$00001000_{BIN} \text{ oder } 8_{DEZ},$$

da 2^3 einer 8 entspricht. Die einzelnen Bits haben demnach von rechts nach links die Wertigkeit 1, 2, 4, 8, 16, 32, 64 und 128. Die Summe dieser Zahlen ist 255, was einer Bitfolge 11111111_{BIN} entspricht, wenn alle acht Schalter gedrückt sind.

Die digitalen Eingänge wechseln im Simulationsbetrieb synchron zum Analog-Eingang A. Die Bits auf dieser Seite sind auf die gleiche Weise durchnummeriert, so dass Bit 0 die rechte LED darstellt. In diesem Fall sind die beiden Eingänge 0 und 1 auf Masse gelegt, wodurch *Compact* eine 0 sieht. Alle anderen Bits führen High-Pegel, weshalb die gelben LED leuchten. Die angezeigte Zahl entspricht dem Dezimalwert des Bitmusters bzw. der Dual-Zahl 11111100, also 128+64+32+16+8+4=252.

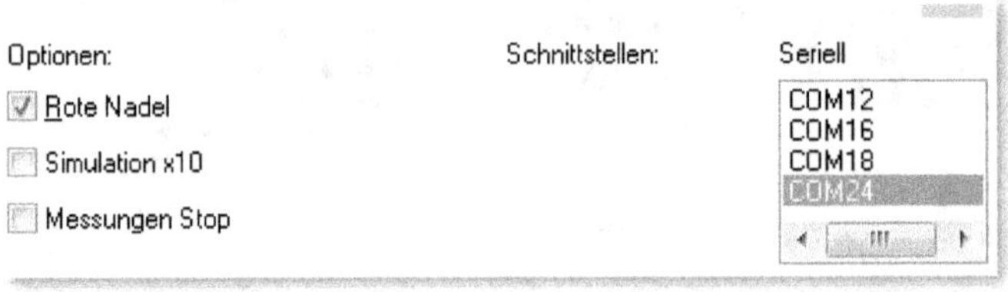

Abbildung 2-3: Optionen und Schnittstellen des Startbildschirms

Der untere Bereich des Startbildschirms zeigt die verfügbaren seriellen Schnittstellen. Im einfachsten Fall sind das – hier unter Windows - COM-

Anschlüsse mit entsprechenden Nummern, die mit einem USB-Seriell-Adapter vom Betriebssystem zur Verfügung gestellt werden. Unter Linux weichen die Bezeichnungen ab und ein Tooltip zeigt eine mögliche Vorgehensweise, wenn die serielle Schnittstelle für den Benutzer nicht zugänglich sein sollte. Weitere Besonderheiten unter Linux findet man ab Kapitel 0. Die oberhalb der Schnittstellenauswahl angeordnete Anzeige blinkt im Rhythmus der Abfrage der verfügbaren Schnittstellen, wodurch ein Wechsel einer USB-Konfiguration zügig erkannt werden sollte. Außerdem kann die Anzeige als Pulsfrequenz von *Compact* angesehen werden.

Die auf der linken Seite aufgeführten Einstellmöglichkeiten erlauben es, trotz Simulation mit der roten Nadel zu arbeiten, was sonst nur bei entsprechend erkannter Hardware vorgesehen ist. Außerdem kann die Simulationsfrequenz um den Faktor 10 erhöht werden, was bei simulierten Messwerten im Schreiber-Betrieb nützlich sein kann. Schließlich kann die ständig im Hintergrund laufende Messwertabfrage in dieser Ansicht angehalten werden, was bei sehr langsamen Rechnern, oder bei Programmen, die die Ausgänge schalten erforderlich sein kann.

2.2 TY-Schreiber

Ein Zeitschreiber stellt die Eingangsgrößen in Abhängigkeit der Zeit dar. Die erhaltenen Kurven lassen Auswertungen von Zusammenhängen zu, um Annahmen zu überprüfen, oder einfach Dinge zu überwachen und zu dokumentieren.

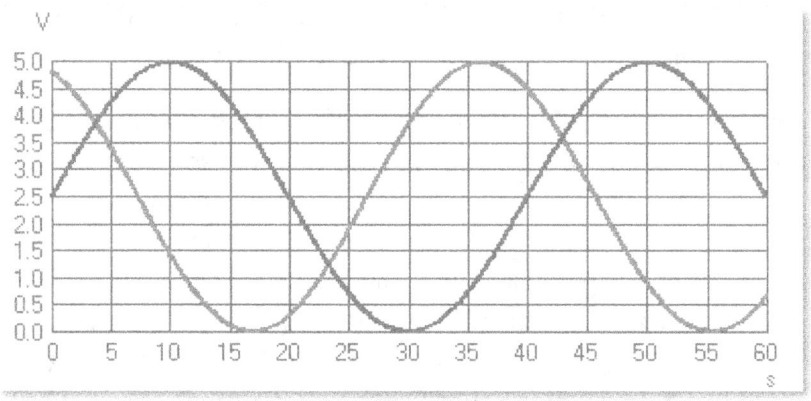

Abbildung 2-4: Zeitschreiber schreibt simulierte Schwingungen

Der TY-Schreiber von *Compact Red Needle* weist als wesentliche Einstellmöglichkeiten einen Start-Button und eine Zeitskalierung auf. Daneben besteht die Möglichkeit Kombinationen der darzustellenden Eingänge zu wählen. Als weitere Option ist ein Dauerbetrieb wählbar, der die Messung bei Erreichen der Messdauer automatisch neu startet.

Bei einer Darstellung von Kanal A und eingeschaltetem *Dauer*-Betrieb schaltet *Compact* eine zusätzliche Steuerung der Digitalsuagänge hinzu. Dabei werden die Bits der Digital-Ausgänge binär von 0 bis 255 während einer Messperiode hochgezählt. Damit stehen bei dieser Einstellung während des Schreibvorgangs acht Spannungsquellen mit unterschiedlicher Schaltfrequenz zur Verfügung. Entsprechende praktische Anwendungen sind weiter hinten angegeben.

Das letzte Symbol dient dazu – bei ausreichendem Speicher - Messdaten als Text oder als Bild zu kopieren, um sie anschließend in einem anderen Programm weiter auszuwerten, zu speichern oder darzustellen. Das Symbol ermöglicht es diese Bedienung ebenfalls ohne Maus zu vollführen, obwohl ein Rechtsklick ebenfalls zum Ziel führt. Fügt man obige Messung als Text in eine Tabellenkalkulation ein, entsteht Abbildung 2-5.

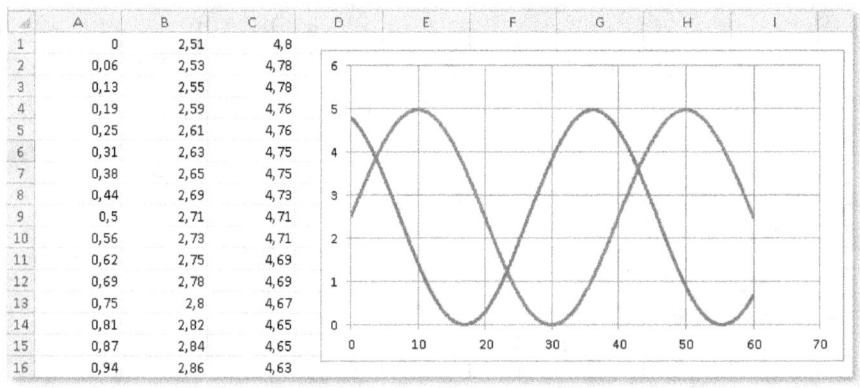

Abbildung 2-5: TY-Daten in einer Tabellenkalkulation über die Zwischenablage

2.2.1 Addition, Subtraktion, Multiplikation

Die Auswahl der dargestellten Kanäle erlaubt, neben der Einfach- und Zweifachdarstellung von Kanal A und Kanal B, zusätzlich eine verknüpfte Darstellung dieser Eingänge. Diese erweiterte Darstellung beinhaltet

- A – B   Subtraktion, Differenzmessungen
- B – A   Subtraktion, Differenzmessungen
- A + B   Addition, Summenmessungen
- A * B   Multiplikation

Bei zehnfacher Simulationsfrequenz reicht ein Messbereich von zwei Minuten aus, um die Ergebnisse dieser vier Darstellungsarten mit ihren Eigenheiten zu erkennen.

Zunächst eine gestreckte Zweikanal-Darstellung in der man den Zeitversatz der beiden simulierten Schwingungen erkennen kann.

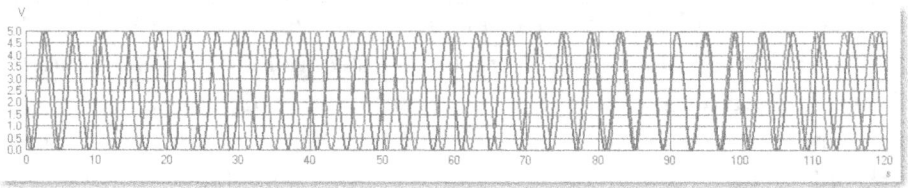

Abbildung 2-6: Zweikanal-Darstellung des YT-Schreibers bei 10facher Simulation

Die Auslenkungen oder Amplituden verlaufen asynchron, sie zeigen bei etwa 90 Sekunden gleichzeitig ihr Maximum, während bei Sekunde 40 die beiden Amplituden entgegen gesetzt verlaufen.

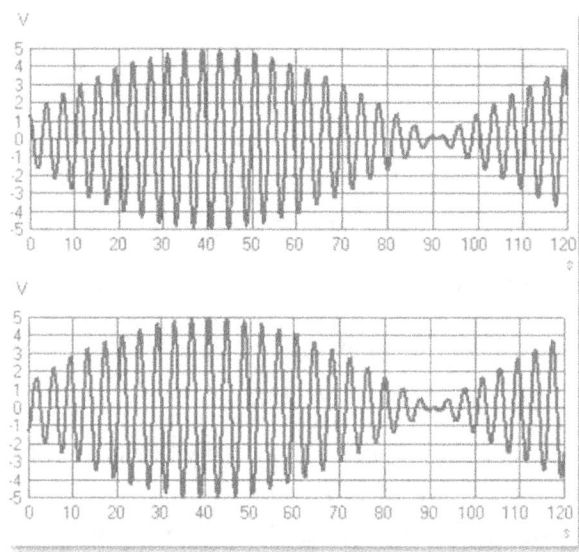

Abbildung 2-7: Addition und Subtraktion von Kanal A und Kanal B

Die beiden Darstellungen der Subtraktion und der Addition sehen auf den ersten Blick identisch aus. Bei genauerem Hinsehen sieht man jedoch, dass die Kurven quasi an der X-Achse gespiegelt zueinander sind, was bei einer Subtraktion durchaus seine Richtigkeit hat. Gleichzeitig erscheint das Bild einer Schwebung oder einer Amplitudenmodulation. Eine Schwebung entsteht bei der Überlagerung von nah beieinander liegenden Frequenzen oder reinen Tönen, wie sie auch bei der Stimmung von Instrumenten verwendet wird.

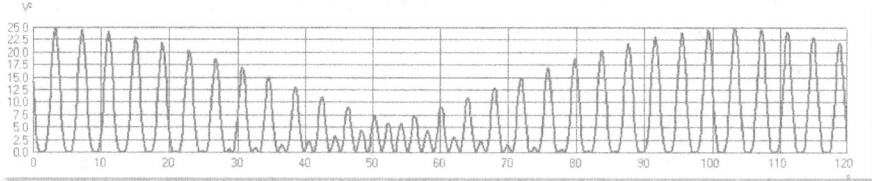

Abbildung 2-8: Multiplizierte Eingangskanäle

Die Multiplikation zeigt ein verzerrtes Signal, was einem Sinus noch ähnelt, jedoch periodisch weitere Überlagerungen erkennen lässt.

2.2.2 LOGGER

Compact Red Needle kann auf unkomplizierte Weise als Datalogger eingesetzt werden. Um kurz einen Zusammenhang zwischen einigen Messgrößen zu erfassen sollte eine eventuelle Sicherung der Daten über die Zwischenablage ausreichen. Bei längerer Messdauer und bei Dauerbetrieb des TY-Schreibers kann es sinnvoll sein, die einlaufenden Messwerte in einer Datei zu speichern. Dies erfolgt in einer sogenannten Log-Datei, wie in einem Logbuch. Der Datenlogger ist eine erweiterte Funktion und ist nur für den fortgeschrittenen Einsatz gedacht. Bei Langzeitmessungen mit *Compact* ist ein ständig laufender PC nicht nachhaltig. In erster Linie ist dieses Feature für die Raspberry Pi Zero Ausführung dieser Software gedacht, da dort die Stromaufnahme mit angeschlossenem Arduino oder mit I^2C-Sensoren durchaus über Monate laufen kann. Probeläufe sind jedoch möglicherweise auch mit einem energiehungrigen Laptop vertretbar.

Die Logger-Funktion ist standardmäßig deaktiviert, da unbeabsichtigte Schreibvorgänge manche Speichermedien unnötig belasten. Um die Log-Datei auch auf externen Datenträgern zu speichern muss zunächst ein Pfad angegeben werden. Ein entsprechender System-Dialog erscheint, wenn die Start-Taste des TY-Schreibers zusammen mit der *Strg*-Taste betätigt wird. Nach entsprechender Wahl des Zielverzeichnisses zeigt eine kurze Meldung den Pfad zur Kenntnisnahme an. Ab nun werden Messreihen mit Messintervallen ab einer Sekunde in einer Datei im Textformat geschrieben. Dies erfolgt erneut nach jeder Messung, um Datenverlust bei langen Messungen zu vermeiden. Entsprechend wird das Speichermedium belastet. Die Datei *TY.TXT* enthält die Daten, wenn keine Dauermessung initiiert ist. Bei Dauermessungen enthält der Dateiname die Startzeit des Schreibers, damit die Messwerte einer absoluten Zeit zugeordnet werden können. Messintervalle von einer Sekunde treten ab einer Messdauer von 30 Minuten auf bei maximal 1500 Messpunkten.

Weitere Anwendungen des TY-Schreibers sind im praktischen Teil aufgeführt.

2.2.3 Programm-Steuerung

Die Programmiermöglichkeit von *Compact Red Needle* gestattet es den TY-Schreiber automatisch zu starten oder zu stoppen. Dadurch ergeben sich Zeitdiagramme, die in Abhängigkeit anderer Eingangsgrößen steuerbar sind. Der Schreibvorgang kann so z. B. erst ab einer gewissen Eingangsspannung beginnen, entsprechend einer Triggerung bei einem Oszilloskop. Hier ein Programm für nur eine halbe Schwingung.

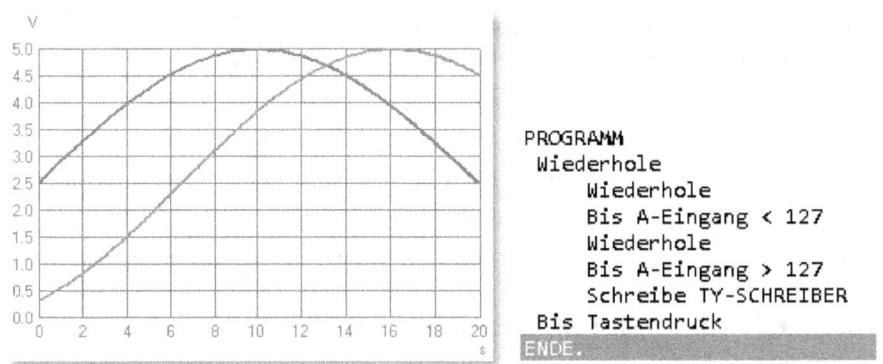

Abbildung 2-9: Programmierter Trigger für Kanal A

Programme lassen sich mit der Taste F5 in jedem Tab starten.

2.3 XY-Schreiber

Ein XY-Schreiber zeichnet die Abhängigkeit zweier analoger Eingangsgrößen unabhängig von der Zeit auf. Ein typisches Beispiel wäre ein Kraft-Dehnungs-Diagramm aus der Werkstoffprüfung oder eine Strom-Spannungs-Kennlinie aus dem Bereich der Elektronik. Der Schreiber kann über 8000 Messpunkte registrieren, so dass auch lange Vorgänge erfassbar sind. Zwei gleiche aufeinanderfolgende Wertepaare werden nicht registriert. Das Bedienfeld des Schreibers enthält die folgenden Elemente:

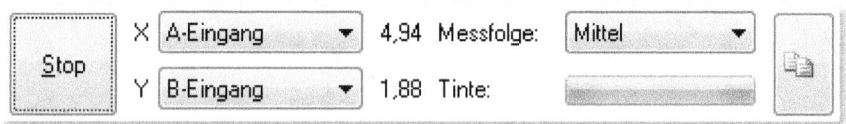

Abbildung 2-10: Bedienfeld des XY-Scheibers

Der Start-/Stopp-Schalter zur Steuerung des Schreibvorgangs. Mit Start wird quasi ein virtueller Stift auf das Papier gesenkt und die Tintenanzeige nimmt mit steigender Zahl der Messpunkte ab. Der Schreiber stoppt automatisch, wenn keine freien Messpunkte bzw. keine Tinte mehr vorhanden sind bzw. ist. Im Normalfall ist die Darstellung so, dass auf der X-Achse der A-Eingang und auf der Y-Achse der B-Eingang geschrieben wird. Mit der entsprechenden Auswahl können die Achsen vertauscht, oder Summen und Differenzen der beiden Eingänge zur Darstellung kommen. Ein kleines Kreuz markiert die Position des Stiftes bei den angegebenen Spannungen, auch bei angehaltenem Schreiber. Die Messfolge ist in verschiedenen Stufen wählbar. Die Voreinstellung *Mittel* entspricht einem Intervall von einer Sekunde. Schließlich kann mit der rechten Maustaste oder dem angegebenen Bedienfeld, welches auch die reine Steuerung über die Tastatur gestattet, der Diagramm-Inhalt als Text oder als Bild (*Strg*-Taste) in die Zwischenablage kopiert werden, um die Daten mit anderen Programmen weiter zu verarbeiten. Während einer Messung zeigt die Statuszeile den numerischen Wert der verbleibenden Messpunkte.

Ein mit den Voreinstellungen geschriebenes XY-Diagramm im Simulationsmodus ergibt das folgende Bild. Es entsteht durch die leicht unterschiedlichen Frequenzen der simulierten Eingangssignale und entspricht den sogenannten Lissajous-Figuren aus der Messtechnik.

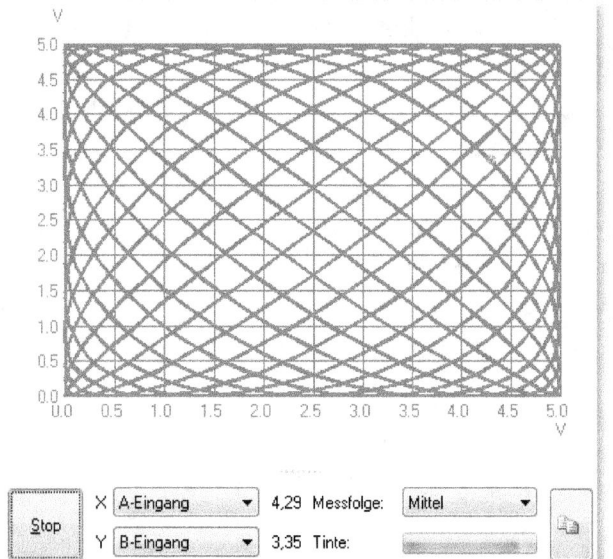

Abbildung 2-11: XY-Schreiber im Simulationsbetrieb

2.3.1 ADDITION UND SUBTRAKTION

Durch entsprechende Kanalwahl sind Differenzen und Summen der Eingangskanäle darstellbar, wodurch sich weitere Anwendungen ergeben. Als Beispiel sei hier die weiter hinten aufgenommene Kennlinie eines elektronischen Bauteils genannt, die eine stromproportionale Spannung und die Spannung am Bauelement anzeigt. Die Bauteilspannung ergibt sich dabei aus der Differenz zweier Spannungen, die in einer Reihenschaltung auftreten. Der Simulationsmodus eignet sich gegebenenfalls als Spielwiese verkannter Künstler, indem während der Aufzeichnung die Kanalauswahl verändert wird und meist unvorhersehbare Figuren erscheinen.

XY-Schreiber 33

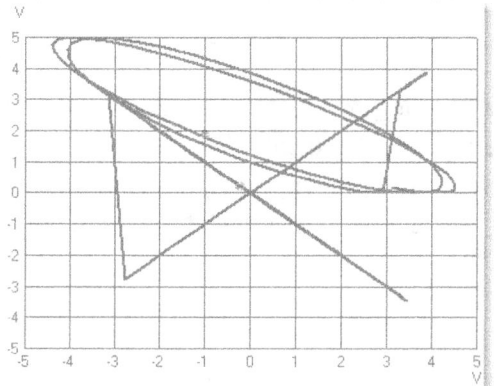

Abbildung 2-12: Summen und Differenzen im Simulationsbetrieb

2.3.2 PROGRAMM-STEUERUNG

Die Programmiermöglichkeit von *Compact Red Needle* gestattet es auch den XY-Schreiber automatisch zu starten oder zu stoppen. Dadurch ergeben sich Diagramme, die in Abhängigkeit anderer Eingangsgrößen steuerbar sind. Der Schreibvorgang kann so z. B. erst ab einer gewissen Eingangsspannung beginnen. Übernimmt man das kurze Programm vom TY-Schreiber und ändert die Schreibe-Zeile entsprechend, kann im Simulationsmodus nur eine Schwingung dargestellt werden. Sinnvollere Anwendungen treten bei Kennlinien auf, die z. B. an gewissen Werten beginnen oder enden sollen.

Abbildung 2-13: Programmgesteuerte XY-Messung

2.4 Bit-Schreiber

Der Bit-Schreiber registriert den Zustand der digitalen Eingänge in Form logischer Zustände. Ein einfacher Logik-Analysator erfüllt denselben Zweck. Im Simulationsmodus entsprechen die Digital-Eingänge dem Dualzahlenwert des Analog-Eingangs A und ändern ihre Werte entsprechend der langsamen Sinusschwingung.

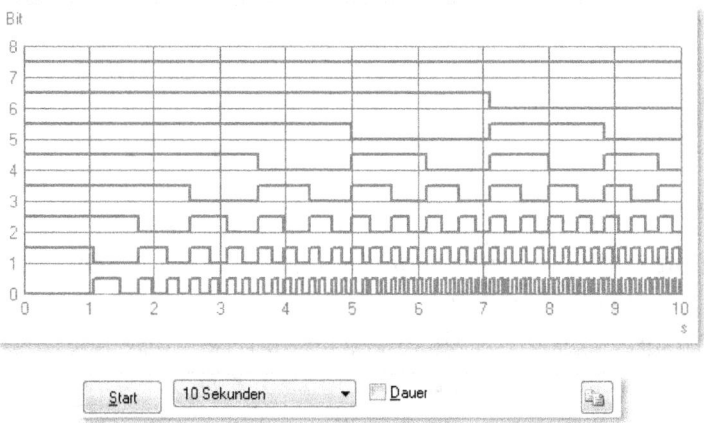

Abbildung 2-14: Bit-Schreiber bzw. Logik-Analysator mit Simulationswerten

Das Bedienfeld des Bit-Schreibers fällt karg aus. Lediglich die Messdauer und Dauerbetrieb, sowie die Kopiermöglichkeit entsprechen den Möglichkeiten des TY-Schreibers. Wesentliches Bedienelement ist auch hier die Start- und Stopp-Schaltfläche, die auch hier per Programm bedienbar ist und somit weitreichende programmierte Auslösungen des Schreibvorgangs möglich sind. Im Kapitel 6 *Digitaltechnik* kommt dieser Schreiber zur Anwendung, wenn logische Verknüpfungen in einem Impulsdiagramm erscheinen sollen.

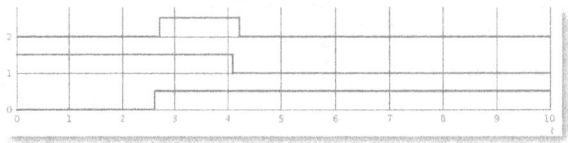

Abbildung 2-15: UND-Verknüpfung von Bit 0 mit 1 und das Ergebnis in Bit 2

2.5 Programm

Der letzte Tabulator von *Compact Red Needle* enthält eine einfache Programmierumgebung in Form einer Interpreter-Sprache mit einem bewusst einfach gehaltenen Befehlssatz, der allgemeine Sprachelemente, aber auch spezielle Befehle für diese Umgebung enthält. Erste Schritte in der Programmierung aber auch durchaus komplexere Steuerungen sind mit dieser Sprache möglich, mit dem Vorteil der direkten Hardware-Kopplung auf einfachste Art. Die hier gemachten Ausführungen sind jedoch auch im Simulations-Modus anwendbar, obwohl ein Feedback über eine angeschlossene Hardware in Form eines PC-Interfaces aus dem nächsten Kapitel motivierender wirken kann.

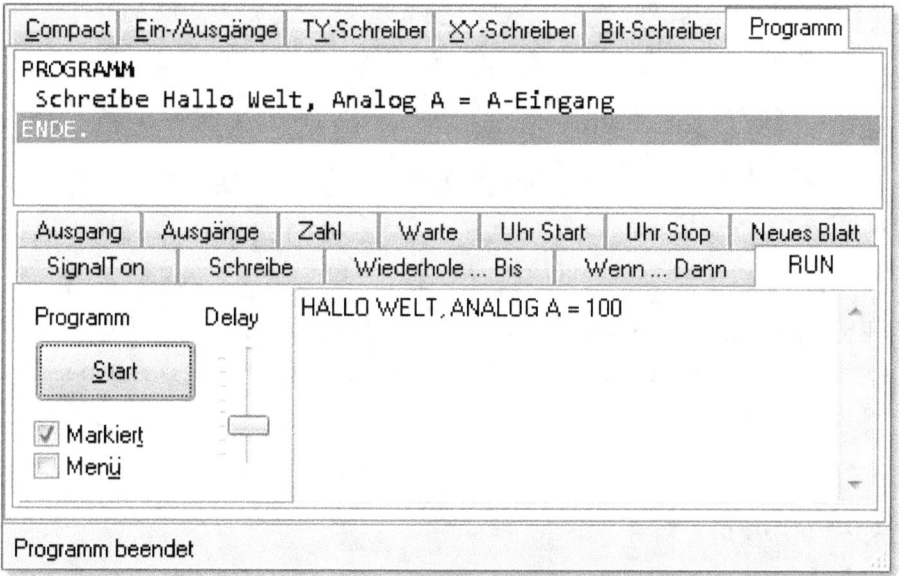

Abbildung 2-16: Programmierumgebung von Compact Red Needle

Der obere Teil des Tabs enthält das Programm, welches mit der Maus über die sich darunter befindenden verschiedenen Befehl-Tabs erstellt wird. Im unteren Teil ist hier der Befehl *RUN* dargestellt mit dem Ausgabefenster von *Schreibe*-Befehlen und links Optionen zum Programmlauf und die Start- und Stopp-Taste. Eine Programmausführung markiert die gerade ausgeführte oder interpretierte Zeile, so dass ein Ablauf beobachtbar ist. Der *Delay*-Schieber beeinflusst die Geschwindigkeit des Programmlaufs. Die Aktualisierung der markierten Programmzeile kann zur Beschleunigung ausgeschaltet werden. Um die Bedienbarkeit auch komplett per Tastatur zu gewährleisten, ist das Kontext-Menü der rechten Maustaste auch über ein Zuschaltbares *Programm-Menü* erreichbar. Dort sind die Tastatur-Shortcuts für die wesentlichen Befehle ersichtlich. So kann ein Programm von jedem Schreiber aus per F5-Taste gestartet oder beendet werden. Die Ausgabe eines *Schreibe*-Befehls erscheint ebenfalls in der Statuszeile, so dass auch während der programmgesteuerten grafischen Datenaufzeichnung diese Ausgaben sichtbar sind.

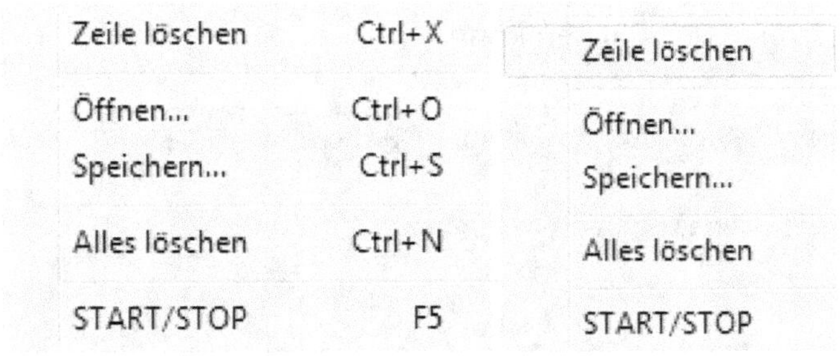

Zeile löschen	Ctrl+X	Zeile löschen
Öffnen...	Ctrl+O	Öffnen...
Speichern...	Ctrl+S	Speichern...
Alles löschen	Ctrl+N	Alles löschen
START/STOP	F5	START/STOP

Abbildung 2-17: Programm- und Kontext-Menü im Programmfenster

Auch das Öffnen von Programmen lässt sich über die angegebenen Tastenkombinationen von jeder Stelle aus durchführen, ohne den Programm-Tab betreten zu müssen. Lediglich *Zeile löschen* funktioniert nur bei aktivem Programmfenster.

2.5.1 VARIABLE

Eine Variable ist ein Speicherplatz für einen Wert, der mit einem Namen ansprechbar ist. In dieser Programmiersprache gibt es eine Variable mit dem Namen *Zahl*, die Zahlenwerte im Bereich 0 bis 255 speichern kann. Dieser Zahlenvorrat entspricht dem eines Bytes mit acht Bit, was wiederum mit der Anzahl der digitalen Ein- und Ausgänge, sowie der Auflösung der analogen Eingänge entspricht. Die Variable kann mit dem Befehl Schreibe im Ausgabebereich erscheinen. Sie dient aber auch der Ausgabe der digitalen oder analogen Ausgänge, kann für Programmverzweigungen und Wiederholungen herangezogen werden. Die Zuweisung erfolgt mit dem Befehl *Zahl*.

2.5.2 BEFEHLE

Unterhalb des Programm-Fensters sind die Befehle zugänglich. Eine Kurzübersicht mit Kurzbeschreibung in der Reihenfolge ihres Auftritts:

Ausgang	Steuert einen Digital-Ausgang 0 bis 7
Ausgänge	Steuert alle 8 Digital-Ausgänge als Byte
Zahl	Variablenzuweisung
Warte	Programm-Verzögerung
Uhr Start	Setzt den *Zeit*-Geber auf Null
Uhr Stop	Hält den *Zeit*-Geber an
Neues Blatt	Löscht das Ausgabefenster
SignalTon	Erzeugt einen Klang
Schreibe	Ausgaben im Direktfenster und mehr
Wiederhole	Beginn einer Wiederhol-Struktur
Wenn	Beginn einer Verzweigung
RUN	Programm-Start

2.5.3 WIEDERHOLUNGEN

Programme bestehen in der Regel aus einer Initialisierung und einer Hauptschleife die meist als Endlosschleife ausgelegt ist, entsprechend der üblichen Arduino-Syntax *setup* und *loop*. Eine Schleife ist eine Wiederholung mit einer Abbruchbedingung. Eine Bedingung ist eine Abfrage, die entweder *Wahr* oder *Unwahr* ist, was in anderen Sprachen *True* und *False* genannt wird. Eine typische Schleife, die durch eine gedrückte Strg-Taste beendet wird wäre ein

```
Wiederhole
...
Bis Tastendruck
```

Dabei liefert die eingebaute Funktion Tastendruck nur *Wahr*, wenn die Steuerungstaste zum Zeitpunkt der Interpretation der Zeile *Bis Tasten-*

druck betätigt ist. Weitere Bedingungen findet man im Befehls-Tab *Wiederhole...Bis*:

Abbildung 2-18: Wiederhol-Struktur und ihre Bedingungen

Eine Übersicht mit Kurzbeschreibung in Tabellenform:

Eingang	Zustand eines der 8 Digitaleingänge
Zeit	Zeitvergleich
Durchläufe	Vergleich auf Anzahl der Durchläufe
Tastendruck	Zustand der Steuerungstaste
Zahl	Wertvergleich der Variablen
A-Eingang	Wertvergleich des Analog-Eingangs A
B-Eingang	Wertvergleich des Analog-Eingangs B
Eingänge	Wertvergleich aller Digital-Eingänge als Byte

Soll eine Endlosschleife programmiert werden, so wird eine Bedingung benötigt, die nie eintreten kann. In dieser Sprache wäre eine unmögliche Bedingung *Zahl < 0*, da die Variable keine negative Werte annehmen kann.

2.5.4 VERZWEIGUNG

Programm-Verzweigungen dienen dazu bestimmte Aktionen nur unter bestimmten Bedingungen auszuführen. In anderen höheren Programmiersprachen sind diese Verzweigungen bekannt unter der Bezeichnung *If-Then-Else-Endif*, hier nennt sich die Verzweigung *Wenn-Dann-Sonst-EndeWenn*. Nach dem *Wenn* folgt eine Bedingung, die *Wahr* sein muss, wenn der nachfolgende Programmabschnitt durchlaufen werden soll.

Diese Bedingungen sind überwiegend identisch mit denen der Wiederhol-Struktur. Ein kurzer tabellarischer Überblick:

Tastendruck	Zustand der Steuerungstaste
Zahl	Wertvergleich der Variablen
A-Eingang	Wertvergleich des Analog-Eingangs A
B-Eingang	Wertvergleich des Analog-Eingangs B
Eingänge	Wertvergleich aller Digital-Eingänge als Byte
Eingang	Zustand eines der 8 Digitaleingänge
Zeit	Zeitvergleich

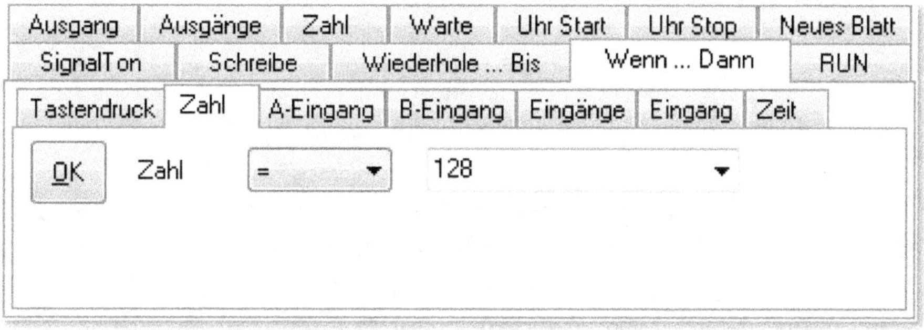

Abbildung 2-19: Bedingungen für Programm-Verzweigungen

2.5.5 PROGRAMM SCHREIBEN UND EDITIEREN

Die Handhabung der Programmierumgebung ohne freien Texteditor mag zunächst unhandlich erscheinen, sie ist jedoch bewusst in dieser Art gestaltet, um auch Anfänger in die Lage zu versetzen überwiegend fehlerfreie kleine Programme in kurzer Zeit zu erstellen. Nach dem Löschen eines vorhandenen Programms über den Menü-Eintrag *Alles löschen*, bleibt ein Leeres Programm im Fenster, wobei die Zeile *ENDE.* markiert ist, über der ein neuer Befehl eingefügt wird.

```
PROGRAMM
ENDE.
```

Um den bekannten Satz „Hallo Welt" anzuzeigen kann der Schreibe-Befehl in seinem Tab gewählt und der auszugebende Text eingetragen werden.

Mit *OK* oder der Eingabetaste wird der Befehl in das Programm oberhalb der markierten Zeile eingefügt und damit übernommen.

Abbildung 2-20: Programm zur Ausgabe von Hallo Welt in Compact

Nun können weitere Befehle auf diese Weise eingefügt werden, oder man wechselt zum Tab *RUN* und startet das Programm. Alternativ bietet sich der Start über das Kontext-Menü der rechten Maustaste oder über das zuschaltbare Programm-Menü, oder über die Taste F5 an.

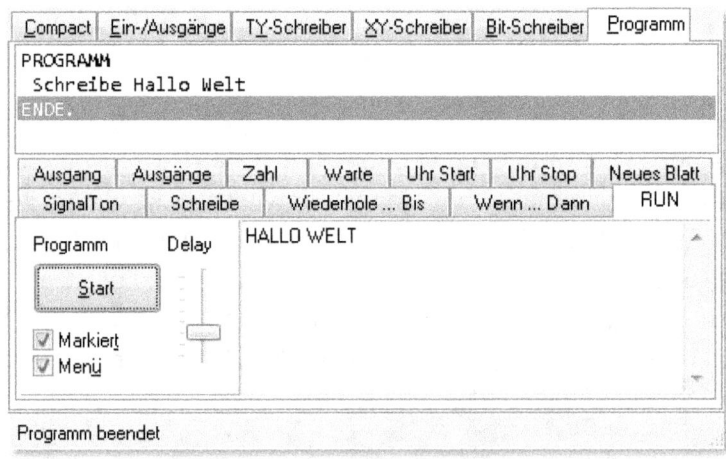

Abbildung 2-21: Ergebnis des Programms Hallo Welt nach der Ausführung

Am Beispiel einer kleinen Aufzählung soll die Programmierung mit einer Wiederholung erläutert werden. Ziel ist die Ausgabe der Zahlen 1 bis 3.

Der Zahlenumfang berücksichtigt das bekannte Friesenrecht. Zunächst das fertige Programm mit dem gewünschten Ergebnis.

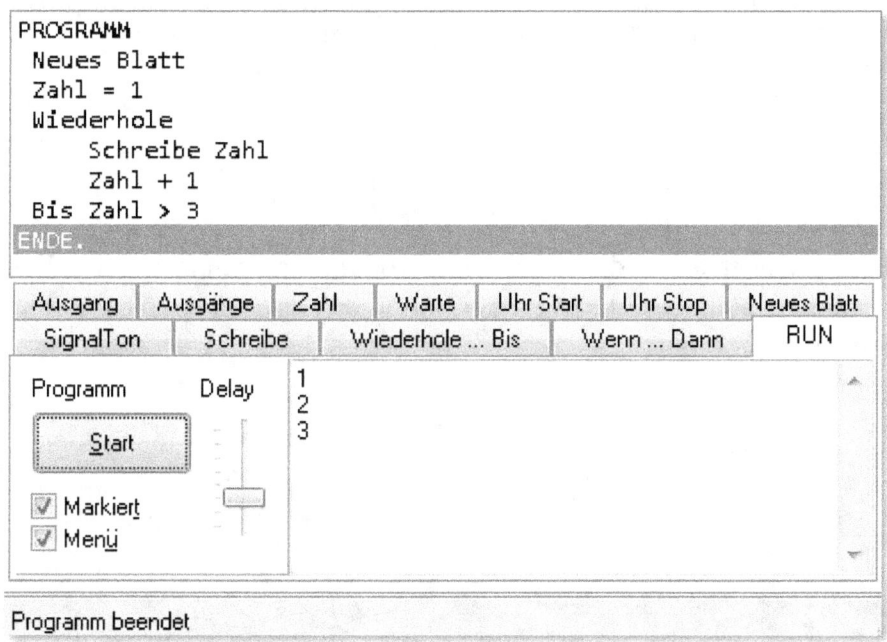

Abbildung 2-22: Programm mit Wiederholung und Zuweisung

Die Programmierung im Detail löscht zunächst ein eventuell noch vorhandenes Programm, um dann den ersten Befehl einzufügen.

Mit *OK* erfolgt die Übernahme, danach folgt die Zuweisung des Wertes 1 zur Variablen Zahl mit dem Befehl *Zahl*.

Gefolgt von der Wiederholstruktur mit der Bedingung, dass die Variable *Zahl* größer als 3 ist.

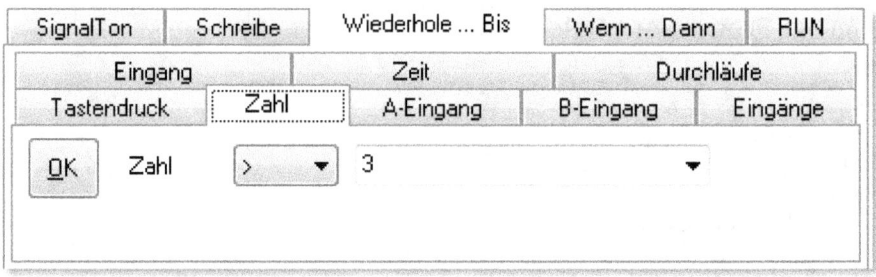

Nun folgen noch die beiden Anweisungen oder Befehle innerhalb der Wiederholung. Dabei wird der Wert der Variablen ausgegeben und anschließend um eins erhöht.

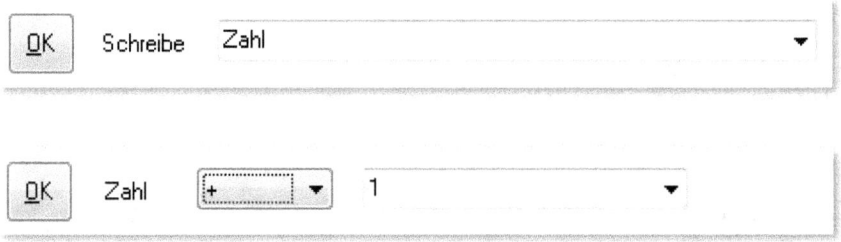

Editiermöglichkeiten

Durch die starke Lenkung der Programmieroberfläche kann es gegebenenfalls schwierig erscheinen fehlerhafte Eingaben zu korrigieren. Der unkomplizierteste Fall liegt vor, wenn eine einfache Zeile geändert werden muss. Die zu ändernder Zeile kann mit der *Entf*-Taste gelöscht werden. Anschließend fügt man die korrigierte Zeile wieder ein. Ein Doppelklick auf einer Zeile führt zum entsprechenden Befehls-Tab. Um Verzweigungen und Wiederholungen zu korrigieren muss beachtet werden, dass der Interpreter die Einrückungen der Zeilen auswertet, um den zugehörenden Blockanfang zu finden, ähnlich so, wie das bei Python üblich ist. Entfernt man eine *Bis ...* Zeile, ist die Programmstruktur nicht konsistent. An die Stelle kann eine komplett neue Wiederholung eingefügt werden mit der gewünschten *Bis*-Bedingung. Anschließend stellt das Löschen der darüber liegenden Zeile *Wiederhole* wieder ein korrektes Listing her.

2.5.6 PROGRAMM SPEICHERN

Strg+S oder ein entsprechender Menü-Eintrag speichert das Programm auf einem Datenträger als Textdatei als *compact-program-file* mit der Endung **.cpf*. Das Dateiformat ist teilweise kompatibel mit anderen Compact-Versionen und deren Nebenprodukten der *DoIt*-Reihe. *Compact*-Programme lassen sich unter Beachtung der oben genannten Struktur auch in einem externen Text-Editor betrachten, drucken oder ändern, wobei vor dem *Programm* aus Kompatibilitätsgründen noch einige andere Zeilen gespeichert sind.

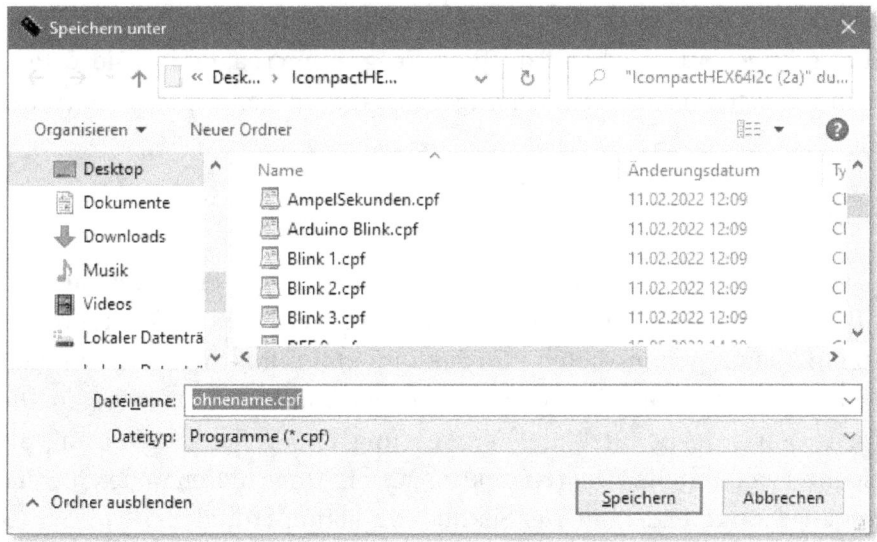

Abbildung 2-23: Speichern eines Compact-Programms

2.5.7 PROGRAMM LADEN BZW. ÖFFNEN

Mit der Tastenkombination *Strg*+O, oder dem entsprechendem Menüeintrag lassen sich gespeicherte Programme in das Programmfenster laden. *Compact* unterstützt Drag & Drop, wodurch Programme auch durch

Verschieben vom Explorer mit der Maus und Loslassen über *Compact* ladbar sind. Eine weitere Ladeoption ist die Parameterübergabe beim Programmstart, wie das über die Eingabeaufforderung ermöglicht wird. So können *.cpf-Dateien als Standardanwendung z. B. *über Öffnen mit ...* mit *Compact* verknüpft werden, wodurch z. B. Windows dann mit einem Doppelklick auf eine Programmdatei *Compact* startet. Ein Autostart des *Compact*-Programms ist nicht vorgesehen.

2.5.8 Beispiele ohne Hardware

Viele Programme lassen sich auch im Simulationsmodus mit überprüfbaren Ergebnissen erstellen und testen. Neben der Ausgabe mit dem Schreibe-Befehl, lassen sich Abfragen und dadurch Verzweigungen mit simulierten Eingangsdaten realisieren. Ausgaben an den Digitalausgängen lassen sich im Tab *Ein- und Ausgänge* beobachten, da die Schalter der Digital-Ausgänge entsprechend auf das Programm reagieren. Diese Programme funktionieren dann bei angeschlossener Hardware ohne Änderung.

2.5.8.1 Blink

Das *Hallo-Welt* der Maker ist eine blinkende LED. Das erste Beispiel soll den Digital-Ausgang 3 – dies entspricht der eingebauten LED eines Arduino beim übertragenen Sketch - im Sekundentakt umschalten. Diese Aufgabe kann auf viele verschiedene Arten programmtechnisch erfolgen. Die kürzeste Variante benutzt die Verzögerung der Befehlsausführung als Blink-Intervall und die *Toggle*-Funktion als ein Umschalten in den jeweils entgegengesetzten Zustand. Der Sekundentakt muss mit dem *Delay*-Schieber im Tab-RUN eingestellt werden.

```
PROGRAMM
 Wiederhole
      Ausgang 3 = T
 Bis Tastendruck
ENDE.
```

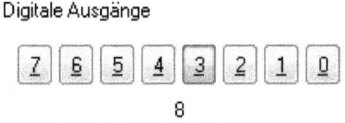

Abbildung 2-24: Ergebnis des Programms im Tab Ein-und Ausgänge

Soll die Zeit fest im Programm eingebaut sein, so muss die Befehlszeit sehr klein gehalten werden, um richtige Blink-Intervalle zu erhalten. Die beiden Buchstaben *I* und *O* stellen den logischen Zustand des Ausgangs, in Anlehnung an 1 und 0 eines Bit, dar.

```
PROGRAMM
 Schreibe Blink-Programm an LED 3
 Wiederhole
      Ausgang 3 = I
      Warte 0.5 Sekunden
      Ausgang 3 = O
      Warte 0.5 Sekunden
 Bis Tastendruck
ENDE.
```

Die *Toggle*-Funktion ist auch für die Byte-Steuerung der Digital-Ausgänge verfügbar. Um auf diese Weise alle Leitungen zu Schalten und jeweils umzukehren dient das folgende Listing. Auch manuelle Voreinstellungen der Ausgänge im *Ein- und Ausgabe* Tab werden berücksichtigt.

```
PROGRAMM
 Schreibe Toggle Blinker Byte
 Wiederhole
      Ausgänge = TTTTTTTT
      Warte 0.5 Sekunden
 Bis Tastendruck
ENDE.
```

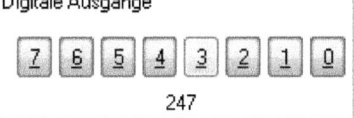

Abbildung 2-25: Umschalten für alle 8 Ausgänge. Bit 3 war gesetzt.

2.5.8.2 Lauflichter

Mit den Symbolen *I*, *O* und *T* lassen sich anschauliche Muster programmieren. Hier als Beispiel ein sogenanntes Lauflicht, welches immer nur eine LED von links nach rechts aufleuchten lässt.

```
PROGRAMM
 Wiederhole
       Ausgänge = OOOOOOOI
       Ausgänge = OOOOOOIO
       Ausgänge = OOOOOIOO
       Ausgänge = OOOOIOOO
       Ausgänge = OOOIOOOO
       Ausgänge = OOIOOOOO
       Ausgänge = OIOOOOOO
       Ausgänge = IOOOOOOO
       Ausgänge = OIOOOOOO
       Ausgänge = OOIOOOOO
       Ausgänge = OOOIOOOO
       Ausgänge = OOOOIOOO
       Ausgänge = OOOOOIOO
       Ausgänge = OOOOOOIO
 Bis Tastendruck
ENDE.
```

Da die Bits eines Bytes als Dualzahlen mit den Potenzen der 2 verknüpft sind, lassen sich solche Muster auch berechnen. Die einfache Multiplikation in einer Schleife führt zu einem einfachen Lauflicht. Dabei kommt der Umstand zum Tragen, dass ein Byte überlaufen kann, wodurch Berechnung mit dem Ergebnis 256 im Byte wieder eine 0 ergibt.

```
PROGRAMM
 Neues Blatt
 Wiederhole
       Zahl = 1
       Wiederhole
             Schreibe Zahl
             Ausgänge = Zahl
             Zahl * 2
       Bis Zahl = 0
 Bis Tastendruck
ENDE.
```

2.5.8.3 Ampelsteuerungen

Ein Muster der besonderen Art stellt eine Ampelsteuerung dar. Mit den drei rechten Digital-Ausgängen 0, 1 und 2 und der Programm-Verzögerung auf höchster Stufe, kann man im Tab *Ein- und Ausgänge* bereits ein Ampel-Muster erkennen. Das Muster ist auch im Listing gut lesbar.

```
PROGRAMM
  Schreibe Ampel einfach
  Wiederhole
        Ausgänge = OIO
        Ausgänge = OOI
        Ausgänge = OII
        Ausgänge = IOO
  Bis Tastendruck
ENDE.
```

Sollen die Ampel-Phasen ausgeprägter sein, so lässt sich die Muster-Lösung erweitern.

```
PROGRAMM
  Schreibe Ampel ohne Warten
  Wiederhole
        Ausgänge = OIO
        Ausgänge = OOI
        Ausgänge = OOI
        Ausgänge = OOI
        Ausgänge = OOI
        Ausgänge = OII
        Ausgänge = IOO
        Ausgänge = IOO
        Ausgänge = IOO
        Ausgänge = IOO
  Bis Tastendruck
ENDE
```

Eine etwas bessere Fassung kommt ohne Delay-Verzögerung aus und benutzt eigene Wartezeiten.

```
PROGRAMM
  Schreibe Ampel mit 2 Sekunden
  Wiederhole
        Ausgänge = OIO
        Ausgänge = OOI
        Warte 2.0 Sekunden
        Ausgänge = OII
```

```
     Ausgänge = IOO
     Warte 2.0 Sekunden
 Bis Tastendruck
ENDE.
```

Das letzte Beispiel einer einfachen Ampelsteuerung reagiert auf einen Digital-Eingang, an dem beispielsweise ein Taster angeschlossen ist, der zwischen *I* und *O* wechseln kann. Der Taster bewirkt, dass die Ampel bei entsprechendem Logikpegel gelb blinkt, sonst eine normale Ampel schaltet.

```
PROGRAMM
 Schreibe Ampel mit Gelb-Blink bei Taster
 Wiederhole
     Ausgänge = OIO
     Ausgänge = OOI
     Warte 2.0 Sekunden
     Ausgänge = OII
     Ausgänge = IOO
     Wenn Eingang 7 = O Dann
         Wiederhole
             Ausgänge = OTO
         Bis Eingang 7 = I
     EndeWenn
 Bis Tastendruck
ENDE.
```

Der Ablauf ist bei richtiger Einstellung der Programm-Verzögerung an den Digital-Ausgängen der Simulation zu erkennen, deutlicher erkennt man den Ablauf im Programm-Tab selber bei eingeschalteter Markierung. Bei angeschlossener Hardware kann es sinnvoll sein im *Ein- und Ausgänge*-Tab die Messungen anzuhalten.

Mit realer Hardware sind erheblich mehr Möglichkeiten bei der Programmierung gegeben.

2.5.8.4 Rechnen mit Zahl

Zahl ist der Name einer Variablen und gleichzeitig ein Befehl. Zu den Grundoperationen des Befehls *Zahl* gehören Addition, Subtraktion, Multiplikation und Division. Weiterhin können diese Operationen mit konstanten Zahlen oder mit den spezifischen Werten *A-Eingang*, *B-Eingang*,

Eingänge und *Zufallswert* ausgeführt werden. *Zahl* ist ein Speicher in Form eines Bytes und umfasst somit ganze Zahlen von 0 bis 255.

2.5.9 ERWEITERTE BEFEHLE

Compact Red Needle verfügt über erweiterte Möglichkeiten, die bewusst nicht sofort ins Auge fallen, um nicht zu verwirren. Als Beispiel sei die Variable *Zahl* genannt, die neben der Zuweisung eines Zahlenwertes als einfache Funktionen die Grundrechenarten anbietet. Scrollt man in den Operatoren =, +, -, * und / nach unten zeigen sich die erweiterten Funktionen.

2.5.9.1 Zahl – Logische Funktionen

Die erweiterten Funktionen erlauben es in *Compact* Digitaltechnik zu praktizieren und logische Gatter auf einfache Weise zu erlernen und anzuwenden. Beispiele dazu sind im Abschnitt 6 unter Verwendung realer Hardware zu finden, wo diese Programmiererweiterung zur Anwendung kommt. Hier eine Übersicht.

Operator	Funktion
&	bitweises UND
/	bitweises ODER
~	bitweises XOR
!	bitweises NICHT
>	Rechts-Schieben
<	Links-Schieben

Ohne Hardware lassen sich diese Funktionen mit dem Schreibe-Befehl verwenden. Der Schiebe-Befehl schiebt die Bits der Variablen nach rechts oder nach links.

```
ZAHL = 15
ZAHL > 1
Schreibe ZAHL
```

wird als Bitmuster

```
00001111      15
00000111       7
```

2.5.9.2 Analoger Ausgang

Compact Red Needle verwendet einen analogen Ausgang, der zunächst nicht im Startbildschirm der *Ein- und Ausgänge* sichtbar ist. Erst durch Vergrößerung der rechten Fensterbreite zeigt sich der Schieber mit darüber eine weitere Anzeige für den Analog-Ausgang. Dieser Ausgang ist identisch mit Bit 0 der Digitalausgänge und entspricht bei einem Arduino Uno als Interface bei entsprechend übertragenem Sketch Pin D10, der als PWM-Ausgabe verwendet wird. Ein anderer Sketch kann auf diesem Weg einen Digital/Analog-Wandler steuern.

Der analoge Ausgang wandelt Werte zwischen 0 und 255 bei entsprechender Hardware in Spannungen von 0 bis 5 Volt. Der PWM-Ausgang und die Besonderheiten kommen weiter unten zur Sprache. Was der Schieber manuell steuert erfolgt im Programm mit *Ausgang 0*. Ein einzelner Digital-Ausgang entspricht einer Leitung oder einem Bit. Listet man alle Möglichkeiten für einen Ausgang auf, so entsteht folgende Übersicht, wobei *A* und *P* nur für *Ausgang 0* funktionieren.

Zuweisung	*Bedeutung*
0	ausschalten (0)
I	anschalten (1)
T	wechseln (toggle)
A	analoge Ausgabe Zahl
P	analoge Ausgabe Zahl
Zahl	Bit in Zahl an Ausgang

Bei den Zuweisungen *A* und *P* wird der Wert der Variablen *Zahl* am entsprechenden Pin als Analog- oder PWM-Wert ausgegeben. Ein Beispiel ist die Fade LED in Abschnitt 3.2. Diese Funktionen werden nicht simuliert und funktionieren nur bei entsprechender Hardware ab Kapitel 3.

2.5.9.3 Ausgänge

Ausgang 0 bis 7 sind die acht Digitalausgänge, die gemeinsam als Ausgänge per Programm ansprechbar sind. *Ausgang 2 = 1* und *Ausgänge = 4* liefern dasselbe Resultat, wenn vorher alle Ausgänge aus waren. Die Zuweisung *Ausgänge = Zahl* gibt das Byte in der Variablen an den Ausgängen aus. Da sich *Compact* den Zustand der Ausgänge merken muss, um zu funktionieren, wie das erwartet wird, gibt es quasi eine versteckte Variable. Die Anweisung *Zahl = Ausgänge* ist zugelassen und liefert den zuletzt veränderten Zustand dieser acht Bit. Insbesondere bei der bitweisen, logischen Programmierung kann diese Möglichkeit ein Rettungsanker sein, um die gewollten Einschränkungen etwas abzumildern.

2.5.9.4 Schreibe XY-Schreiber

Zwecks Steuerung der Compact-Schreiber überprüft der *Schreibe*-Befehl, ob die drei Schreiber als Name erscheinen. Mit den drei Schlüsselwörtern

TY-Schreiber
XY-Schreiber
Bit-Schreiber

betätigt der *Schreibe*-Befehl den *Start/Stopp*-Schalter des jeweiligen Tabs. Auf dieser Art ist es möglich Aufzeichnungen von Messwerten programmgesteuert durchzuführen.

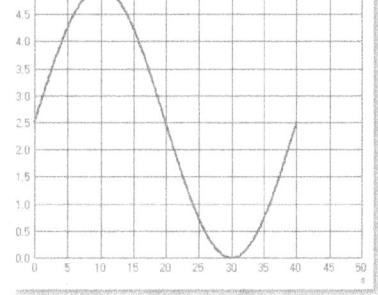

```
PROGRAMM
  Wiederhole
    Wiederhole
    Bis A-Eingang < 127
    Wiederhole
    Bis A-Eingang > 127
    Schreibe TY-SCHREIBER
  Bis Tastendruck
ENDE.
```

Abbildung 2-26: Getriggerte TY-Schreiber-Aufzeichnung

Das Programm wartet bis der A-Eingang kleiner als 127 bzw. 2,5 Volt ist und anschließend bis diesen Wert wieder überschritten wird. Anders ausgedrückt beginnt die Aufzeichnung erst, wenn das Signal in der Mitte der Y-Achse liegt und von kleineren zu größeren Werten ansteigt. Dies nennt sich bei einem Oszilloskop ein Auslösen oder Triggern mit der positiven Flanke. Der Schreibe-Befehl steuert den TY-Schreiber.

Im Simulationsmodus erscheint die Ausgabe nach Abbildung 2-26 mit genau einer Schwingung oder einer Periode der Simulationsfrequenz.

3 Compact mit Arduino

Interface steht für eine Schnittstelle als Teil eines technischen Systems zur Kommunikation. Ein PC-Interface in diesem Buch ist ein Stück Hardware, die den Anwender in die Lage versetzt Messungen und Steuerungen vom PC aus direkt durchzuführen. Das Gerät ist dabei ständig per USB oder Bluetooth mit dem PC verbunden. Ein Arduino bietet sich als Hardware für eine solche Aufgabe an. Dieser Mikrocontroller erfordert meist die Einarbeitung in die Programmiersprache C, um mit ihm autarke Messungen und Steuerungen zu realisieren. Diese Einarbeitung kann eine Hürde darstellen. *Compact* verwendet diese Hardware ohne diese Notwendigkeit und kann durch das einmalige Hochladen eines Programms in den Arduino diesen als PC-Interface ansprechen.

> Arduino Uno R3 einmalig einrichten
>
> Version 1.8 (beta) - Multiplattform - © 2022 H.-J. Berndt
> 2022/04/28 - LCL/FPC/2.2.0.4/3.2.2 - OS x86_64-Win64
>
> www.hjberndt.de

Bei erfolgreicher Übertragung ist der Arduino sofort als PC-Interface einsetzbar. Die roten Nadeln der analogen Anzeigen reagieren auf die beiden Analog-Eingänge A0 und A1. Das Programm im Arduino emuliert dabei ein Interface mit zwei Analog-Eingängen, acht Digital-Eingängen, acht Digital-Ausgängen und einem Analog-Ausgang. Das übertragene Programm für den Arduino Uno entspricht dem Listing in Anhang 9.4.1 und kann bei Verwendung anderer Hardware entsprechend neu übersetzt und hochgeladen werden. Die verwendeten Anschlüsse sind in der Software vorgegeben, kleine Hinweise zeigen die jeweilige Pinbelegung bei Berührung mit der Maus.

Die Anschlüsse des in der Software emulierten *CompuLAB-Interfaces* und die eines Arduino Uno sind in Tabelle 3-1 aufgelistet.

54 Compact mit Arduino

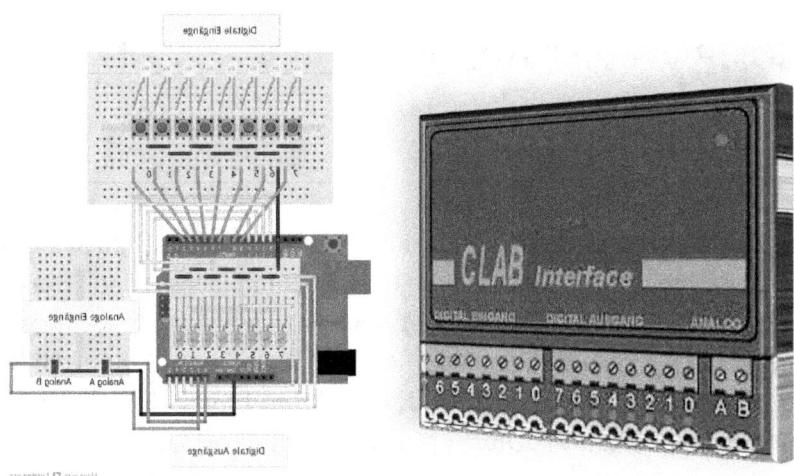

Abbildung 3-1: Mögliches PC-Interface Arduino mit 18 Ein- und Ausgangsleitungen und die Vorlage (Fritzing-Skizze auch im Anhang 9.2)

Die hochgeladene Software im Arduino benutzt nachfolgende Tabelle:

Tabelle 3-1: PC-Interface und Arduino-Anschlüsse

COMPACT-PC-INTERFACE	ARDUINO
Analog A	A0
Analog B	A1
Digitalausgang 0	D10, PWM
Digitalausgang 1	D11
Digitalausgang 2	D12
Digitalausgang 3	D13
Digitalausgang 4	D16, A2
Digitalausgang 5	D17, A3
Digitalausgang 6	D18, A4
Digitalausgang 7	D19, A5
Digitaleingang 0	D2
Digitaleingang 1	D3
Digitaleingang 2	D4
Digitaleingang 3	D5
Digitaleingang 4	D6
Digitaleingang 5	D7
Digitaleingang 6	D8
Digitaleingang 7	D9
Reserviert RX/TX	D0, D1

3.1 DIGITALE EIN- UND AUSGÄNGE

Bei Verwendung eines Arduino und übertragener Software entsprechen offene Eingänge einer logischen 1 bzw. *I*, alle acht Bit sind gesetzt. Mit einer direkten Verbindung zur Masse bzw. *GND* schalten die Eingänge auf *0*. Diese Eigenschaft ist im *Standard-Arduino-Sketch* so festgelegt. Die Ausgänge sind zu Beginn alle ausgeschaltet, so dass die eingebaute LED an Pin 13 nicht leuchtet.

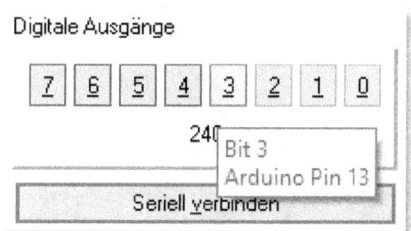

Abbildung 3-2: Tooltips mit Hinweisen zu den jeweiligen realen Anschlüssen

Ab sofort funktionieren mit der Hardware auch die im vorigen Abschnitt simulierten Ausgaben. Trotzdem folgen an dieser Stelle weitere Variationen mit zusätzlichen Angaben zur Hardware.

3.1.1 BLINK – HALLO HARDWARE

Die eingebaute LED des Arduino entspricht Bit 3 der acht Digital-Ausgänge und kann mit Maus oder Tastatur ALT+3 umgeschaltet werden. Mit einem kurzen Programm ist ein automatisches Blinken möglich.

```
PROGRAMM
  Wiederhole
    Ausgang 3 = T
  Bis Tastendruck
ENDE.
```

Solange die *Strg*-Taste nicht gedrückt gehalten bleibt, wechselt Digital-Ausgang 3 bei jeder Wiederholung den Zustand, er *toggelt*. Wegen der einstellbaren Ausführgeschwindigkeit funktioniert das auch ohne Pausen. Ein Blink, wie es Arduino-Programmierer kennen und welches meist das erste Beispiel ist einen ersten Erfolg zu erreichen, wechselt der Zustand jede halbe Sekunde. In *Compact* entspricht dies den folgenden Zeilen, wenn die Ausführungsgeschwindigkeit per Schieber erhöht ist.

```
PROGRAMM
  Wiederhole
    Ausgang 3 = I
    Warte 0.5 Sekunden
    Ausgang 3 = O
    Warte 0.5 Sekunden
  Bis Tastendruck
ENDE.
```

Mit dem Befehl Ausgänge schalten alle acht Bit entsprechend dem übergebenen Bit-Muster oder dem Wert eines Bytes parallel oder gleichzeitig.

```
PROGRAMM
  Wiederhole
    Ausgänge = 255
    Ausgänge = 0
  Bis Tastendruck
ENDE.
```

```
PROGRAMM
  Wiederhole
    Ausgänge = OIOIOIOI
    Ausgänge = IOIOIOIO
  Bis Tastendruck
ENDE.
```

3.1.2 AMPEL-STEUERUNG

Mit drei LED ist eine einfache Ampelschaltung möglich. Die Digital-Ausgänge 0, 1 und 2 entsprechen dabei Rot, Gelb und Grün, wie in der *Fritzing*-Skizze dargestellt. Beim Arduino sind das die Anschlüsse D10 bis D12.

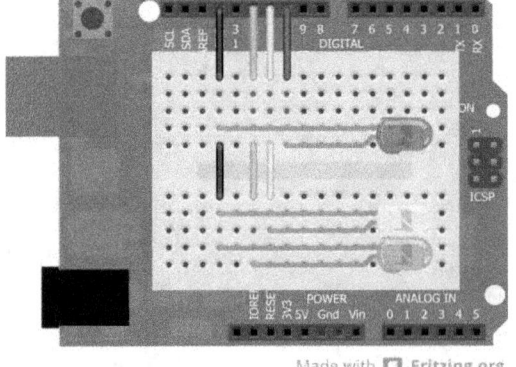

```
PROGRAMM
  Schreibe Ampel einfach
  Wiederhole
    Ausgänge = OIO
    Ausgänge = OOI
    Ausgänge = OII
    Ausgänge = IOO
  Bis Tastendruck
ENDE.
```

Auch in diesem sehr einfachen Beispiel bestimmt die Ausführungszeit, wie schnell zwischen den einzelnen Ampelphasen gewechselt wird. Erweiterungen berücksichtigen diesen Nachteil auf verschiedene Art und Weise.

```
                                    PROGRAMM
                                     Schreibe Ampel ohne Warten
                                     Wiederhole
                                         Ausgänge = OIO
PROGRAMM                                 Ausgänge = OOI
 Schreibe Ampel mit 2 Sekunden           Ausgänge = OOI
 Wiederhole                              Ausgänge = OOI
     Ausgänge = OIO                      Ausgänge = OOI
     Ausgänge = OOI                      Ausgänge = OII
     Warte 2.0 Sekunden                  Ausgänge = IOO
     Ausgänge = OII                      Ausgänge = IOO
     Ausgänge = IOO                      Ausgänge = IOO
     Warte 2.0 Sekunden                  Ausgänge = IOO
 Bis Tastendruck                     Bis Tastendruck
ENDE.                               ENDE.
```

Das Programm steuert die LED und der Aufbau verhält sich wie eine Ampel. Mit einem Digital-Eingang kann das Verhalten dieser Ampelsteuerung selber gesteuert werden, indem z. B. ein Taster gegen Masse am Digital-Eingang 0 angeschlossen ist, oder der Pin D2 manuell auf Masse gelegt ist. Durch eine Programm-Verzweigung blinkt nur noch Gelb solange dieser Zustand vorliegt. Sonst schaltet die Ampelsteuerung die gewohnten Phasen.

```
PROGRAMM
 Schreibe Ampel mit Gelb-Blink bei Taster
 Wiederhole
     Ausgänge = OIO
     Ausgänge = OOI
     Warte 2.0 Sekunden
     Ausgänge = OII
     Ausgänge = IOO
     Wenn Eingang 0 = O Dann
         Wiederhole
             Ausgänge = OTO
         Bis Eingang 0 = I
     EndeWenn
 Bis Tastendruck
ENDE.
```

3.1.3 Taster

Ein Taster ist ein Schalter, der meist im unbetätigten Zustand geöffnet ist und auf Druck seinen Kontakt schließt. Die hier dargestellte Verschaltung verbindet den Digital-Eingang 0 bzw. D2 mit dem einen Anschluss des Tasters und seinen anderen Anschluss mit *GND*. Bei Tasterdruck verbindet der Taster D2 und *GND* und schaltet somit den Eingang auf *0*. Parallel zum Taster kann eine LED den Zustand des Eingangs zusätzlich mit einem schwachen Leuchten signalisieren. *Compact* reagiert entsprechend bei erkannter Hardware auf dem Bildschirm.

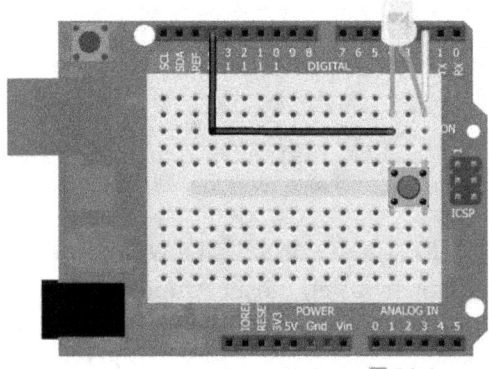 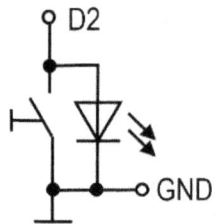

Mit diesem Aufbau kann die im vorigen Abschnitt gezeigte gesteuerte Ampel betrieben werden. Die hier verwendete LED ist lediglich eine Signal-Diode. Ist eine LED an einem Digital-Ausgang angeschlossen, so kann diese durch geeignete elektrisch betätigte Schalter ersetzt werden. Ein elektro-mechanischer Schalter nennt sich Relais.

3.1.4 Relais

Ein Relais betätigt einen mechanischen Schalter mit Hilfe eines Elektromagneten. Ein kleiner Steuerstrom sorgt für die Entstehung eines ausreichenden Magnetfeldes in einer Spule mit Kern, welches wiederum eine auf Magnetismus reagierende Mechanik betätigt, um so höhere Ströme zu schalten. Für den Arduino und ähnliche Controller gibt es fertig bestückte Platinen mit drei Steuer-Anschlüssen und drei Schraubanschlüssen für den Laststromkreis. Mit *Vcc*, *GND* und einer Digitalleitung erfolgt die Steuerung mit 5 Volt. Die Schraubanschlüsse sind meist mit einem Umschalter verbunden. Ein Relais ist für ein Programm ein digitaler Ausgang wie eine LED und darum kann das Blink-Programm auch mit einem Relais betrieben werden, so dass das mechanische Geräusch eines Autoblinkers entsteht, welches im Zeitalter der elektronischen Schalter von der Autoindustrie nur noch als Sound-Datei abgespielt wird. Auch der erste elektrische, programmierbare Computer der Welt die Z3 wurde 1941 auf Basis von Relais vollendet.

 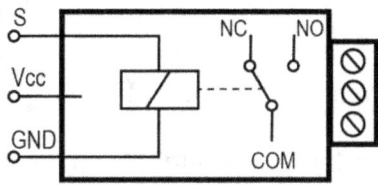

Abbildung 3-3: Relais-Breakout und schematische Darstellung; NC: Öffner, NO: Schließer (Normal Closed, Normal Open)

Um ein solches Relais per Taster zu bedienen ist kein Arduino erforderlich. Von 5 Volt aus über den Taster zum Anschluss S und von *GND* zu *GND* funktioniert ohne Probleme. Mit einem Programm und dem Arduino kann dies ebenfalls so erfolgen, allerdings ergeben sich dabei noch weitere Möglichkeiten.

- Ein- und Ausschalter
- Treppenhaus Zeitschalter
- Umschalter

Der Taster des vorigen Abschnitts ist aktiv-low, das heißt sein Signalausgang an D2 liefert eine 0, wenn dieser gedrückt ist. Dies ist quasi ein invertiertes Verhalten. Demnach muss ein entsprechender digitaler Steuerausgang bei einer 0 am Eingang eine 1 am Ausgang ausgeben. Wird dies berücksichtigt, so schaltet das Relais ein, solange der Taster gedrückt ist und solange das Programm läuft.

```
PROGRAMM                        PROGRAMM
 Wiederhole                      Wiederhole
    Wenn Eingang 0 = I Dann         Wenn Eingang 0 = I Dann
        Ausgang 0 = O                   Ausgang 0 = O
    Sonst                           Sonst
        Ausgang 0 = I                   Ausgang 0 = I
    EndeWenn                            Warte 5 Sekunden
 Bis Tastendruck                    EndeWenn
ENDE.                            Bis Tastendruck
                                ENDE.
```

Mit einer kleinen Änderung reagiert der Aufbau ähnlich einer Treppenhausbeleuchtung, die nach einem Tastendruck für eine gewisse Zeit an bleibt, auch wenn der Taster wieder losgelassen wird. Durch das Einfügen einer Warte-Anweisung mit der gewünschten Länge reagiert das laufende Programm entsprechend.

Mit der *Uhr*-Anweisung und der *Zeit*-Abfrage sind auch Aktionen während der Wartezeit möglich.

```
PROGRAMM
 Wiederhole
    Wenn Eingang 0 = I Dann
        Ausgang 0 = O
        Schreibe AUS
    Sonst
        Ausgang 0 = I
        Neues Blatt
        Uhr Start
        Wiederhole
            Schreibe Licht brennt schon zeit Sekunden
            Warte 1.0 Sekunden
        Bis Zeit > 5 Sekunden
    EndeWenn
 Bis Tastendruck
ENDE.
```

Eine letzte Variante schaltet das Licht an und lässt es solange an, bis erneut der Taster betätigt wird. Dies könnte man als Speicher für einen An/Aus-Zustand ansehen oder einfach Umtaster nennen. Mit der eingebauten Möglichkeit einen Ausgang umzuschalten bzw. zu *toggeln* muss nur noch auf einen Tastendruck gewartet, der Ausgang umschaltet und auf das Loslassen des Tasters gewartet werden.

```
PROGRAMM                          PROGRAMM
  Wiederhole                        Wiederhole
    Wenn Eingang 0 = O Dann           Wenn Eingang 0 = O Dann
      Ausgang 0 = T                     Zahl ! Eingang 0
      Wiederhole                        Ausgang 0 = Zahl
      Bis Eingang 0 = I                 Wiederhole
    EndeWenn                            Bis Eingang 0 = I
  Bis Tastendruck                     EndeWenn
ENDE.                               Bis Tastendruck
                                  ENDE.
```

Das etwas trickreichere Programm auf der rechten Seite verwendet den erweiterten Befehlssatz, um mit der Variablen *Zahl* ein *Toggeln* bzw. Umschalten von Ausgang 0 mit eigenen Mitteln zu erreichen. Diese und andere logische Operationen verwendet eine Anwendung im Abschnitt 6.8 aus dem Kapitel *Digitaltechnik*.

3.1.5 KODESCHLOSS PIN

Ein Kodeschloss mit vier Ziffern ist unter dem Namen PIN bekannt. Um eine solche Verriegelung mit der angeschlossenen Hardware zu realisieren können die digitalen Eingänge als Eingabe dienen. Bei korrekter Eingabe sollen alle digitalen Ausgänge eingeschaltet werden und so z. B. ein angeschlossenes Relais ansprechen. Das erste Programm zeigt das Prinzip, indem nacheinander die entsprechenden Zahlen abgefragt werden.

```
PROGRAMM
  Schreibe Pin-Eingabe 4712
  Ausgänge = 0
  Wiederhole
  Bis Eingang 4 = I
  Wiederhole
  Bis Eingang 7 = I
  Wiederhole
  Bis Eingang 1 = I
  Wiederhole
  Bis Eingang 2 = I
  Ausgänge = 255
ENDE.
```

Die Wiederholungen warten in jeder Stufe, bis die Zahl durch Taster oder andere Verbindungen an den acht Digitalleitungen als Dualzahl vorliegen.

Die Sicherheit ist dadurch nicht besonders hoch. Sie wird etwas erhöht, wenn die einzelnen Bits der Zahl nach der Eingabe erst wieder alle wieder zurückgesetzt werden müssen, wodurch das Prinzip Versuch und Irrtum geringere Chancen hat.

```
PROGRAMM
 Schreibe Pin-Eingabe 4712
 Ausgänge = 0
 Wiederhole
 Bis Eingang 4 = I
 Wiederhole
 Bis Eingänge = 0
 Wiederhole
 Bis Eingang 7 = I
 Wiederhole
 Bis Eingänge = 0
 Wiederhole
 Bis Eingang 1 = I
 Wiederhole
 Bis Eingänge = 0
 Wiederhole
 Bis Eingang 2 = I
 Ausgänge = 255
 SignalTon
ENDE.
```

```
PROGRAMM
 Schreibe Pin 4712 Reihenfolge
 Ausgänge = 0
 Wiederhole
   Wiederhole
   Bis Eingänge > 0
   Zahl + Eingänge
   Schreibe Zahl
   Wiederhole
   Bis Eingänge > 0
   Zahl + Eingänge
   Schreibe Zahl
   Wiederhole
   Bis Eingänge > 0
   Zahl + Eingänge
   Schreibe Zahl
   Wiederhole
   Bis Eingänge > 0
   Zahl + Eingänge
   Schreibe Zahl
   SignalTon
 Bis Zahl = 150
 Ausgänge = 255
 SignalTon
ENDE.
```

Die letzte Variante arbeitet mit Summen und ist schon relativ sicher, da ein Fehlversuch dazu führt, dass die Eingabe wieder von vorne erfolgen muss, um das Schloss zu entriegeln.

3.2 Analoge Ausgänge

Manche Mikrocontroller, so auch ein Arduino, verwenden für ihre analogen Ausgänge lediglich ein in der Pulsbreite verändertes digitales Rechtecksignal, auch PWM genannt. Eine Leuchtdiode ist damit in ihrer Helligkeit quasi stufenlos veränderbar, weil das Auge das schnelle Ein- und Ausschalten nicht registriert, da es mehr als 100-mal in der Sekunde erfolgt. *Compact* verwendet den Digital-Ausgang 0 als solchen PWM-Ausgang, welcher an einem angeschlossenem Arduino sein Pin 10 ist. Weiter 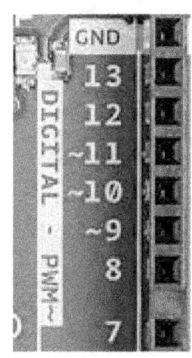 hinten finden sich Verfahren, die mittels Digital/Analog-Wandlern konstante Gleichspannungen erzeugen. Mit der Auflösung von 8 Bit sind 255 Helligkeits- oder Spannungsstufen möglich, was praktisch stufenlos erscheint. Wird das Compact-Fenster an seiner rechten Seite gezogen, oder *Umsch+Strg+X* gedrückt, erscheint der erweiterte Bereich der analogen Ausgabe. Anzeige und Schieberegler steuern eine an D10 angeschlossene LED quasi stufenlos in ihrer Helligkeit.

```
PROGRAMM
   Wiederhole
      Zahl = 0
      Wiederhole
         Ausgang 0 = P
         Zahl + 5
      Bis Zahl = 100
      Wiederhole
         Ausgang 0 = P
         Zahl - 5
      Bis Zahl = 0
   Bis Tastendruck
ENDE.
```

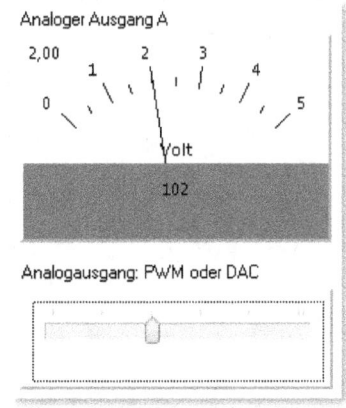

Abbildung 3-4: Analog-Ausgang manuell und per Programm – fade LED

Um per Programm eine LED in ihrer Helligkeit zu steuern ist die Verwendung des erweiterten Befehlssatzes der Edition *Red Needle* erforderlich.

Die variable *Zahl* erhält den auszugebenden PWM-Wert und mit der Anweisung *Ausgang 0 = P* erfolgt die PWM-Ausgabe an Pin D10 am Arduino.

3.2.1 ANALOGER AUSGANG: PULS-BREITEN-MODULATION

Verfügt man über ein Multimeter mit einem DC-Messbereich für Gleichspannung, so zeigt das Gerät bei fehlerfreiem Betrieb ebenfalls 2 Volt an in dieser Position. Verbindet man allerdings den Analog-Eingang A0 mit Pin 10 des Arduino und beobachtet die Analog-Anzeige A in Compact, so stellt sich ein wildes Gezappel des Zeigers ein. Diese Anzeige ist kein Messgerät oder Messwerk, sondern sie stellt lediglich den zu einem Zeitpunkt vorhandenen Spannungswert dar. Ein Messgerät in Stellung DC zeigt nicht den Momentanwert, sondern den Mittelwert der anliegenden Gleichspannung an, in diesem Fall 2 Volt. Mit einem Taschenoszilloskop als TY-Schreiber für kleinere Messintervalle lässt sich das quasi-analoge Rechteck-Signal darstellen, was mit einer konstanten Gleichspannung wenig gemeinsam hat. Die Darstellung zeigt die Frequenz des Rechtecksignals mit etwa 500 Hz, als 500 Umschaltungen pro Sekunde am PWM-Ausgang eines Arduino-Uno.

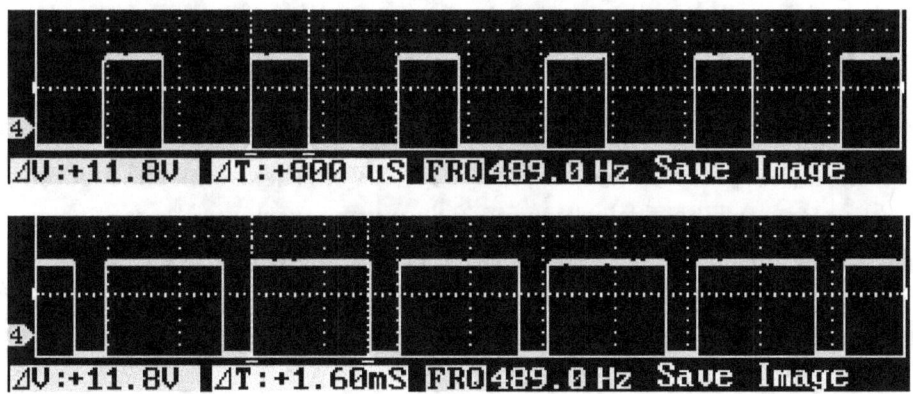

Abbildung 3-5: Analog-Ausgabe PWM mit 2 und 4 Volt an Pin 10 des Arduino

Die Zeit auf der X-Achse ist so eingestellt, dass eine Bildschirmeinheit oder ein Kästchen der Zeit 1 ms entspricht. Die Umschaltfrequenz benötigt 2 ms, um in einer Sekunde 500-mal zu schalten. Im Bild ist die Impulsdauer t_i ebenfalls als Messwert dargestellt. Dies ist die Zeit, während der der Pin angeschaltet ist. Sie beträgt einmal 0,8 ms und einmal 1,6 ms. Damit lässt über die Verhältnisse oder mit dem Dreisatz die sich einstellende mittlere Spannung berechnen.

$$U = \frac{0{,}8 \text{ ms}}{2 \text{ ms}} \cdot 5 \text{ V} = 2 \text{ V} \qquad U = \frac{1{,}6 \text{ ms}}{2 \text{ ms}} \cdot 5 \text{ V} = 4 \text{ V}$$

Bei einem symmetrischen Rechteck wäre das Verhältnis 0,5 und damit der Mittelwert der Ausgangsspannung 2,5 Volt.

3.2.2 ARITHMETISCHER MITTELWERT

Der arithmetische Mittelwert einer Spannung ergibt sich aus der Fläche zwischen Spannungskurve und waagerechter Achse. Er ist gleich der Höhe des flächengleichen Rechtecks mit der Breite Periodendauer.

Bei Anwendung dieser allgemein gültigen Festlegung auf das dargestellte Signal, kann dieser Wert im Fall eines Rechtecksignals unkompliziert über Flächenberechnungen erfolgen. Die Fläche zwischen Spannungskurve und Zeitachse ergibt für einen Schaltzyklus oder einer Periodendauer von zwei Millisekunden 5 V · 0,8 ms. Diese Fläche wird nun auf ein Rechteck verteilt, dessen Breite 2 ms beträgt und dessen Höhe dem gesuchten Mittelwert entspricht.

$$U_{AR} \cdot T = U \cdot t_i$$

Rechnerisch ergibt sich wieder ein U_{AR} von 2 Volt. Diese einfache Methode funktioniert auch bei dreieckförmigen Spannungsverläufen unter Berücksichtigung der anderen Flächenformel. Liegt ein allgemeiner Spannungsverlauf vor, so muss die Flächenberechnung mit Hilfe der Mathematik erfolgen. Die Summe aller Teilflächen ergibt das sogenannte Integral und das schreibt sich dann in der allgemeinen Form wie folgt, wobei die Funktion $u(t)$, wie z. B. eine Sinusform noch entsprechend eingesetzt werden muss.

$$U_{AR} \cdot T = \int_0^t u(t) \cdot dt$$

Ein Messgerät in Stellung DC zeigt immer den arithmetischen Mittelwert der anliegenden Spannungsform an, solange die Frequenz innerhalb der Herstellerangaben liegt.

3.2.3 Messen am PWM-Ausgang

Durch Glättung mittels zweier Bauelemente, die bei Wechselspannungen nur tiefe Frequenzen passieren lassen, entsteht eine konstante Gleichspannung. Die am Ausgang des sogenannten Tiefpasses aus Widerstand und Kondensator von $R = 10$ kΩ und $C = 10$ μF gemessene Spannung erscheint nun auch als ruhender und konstanter Zeigerausschlag der analogen Eingänge. Mit dem Schieberegler folgt die Eingangsspannung der Ausgangsspannung parallel und synchron.

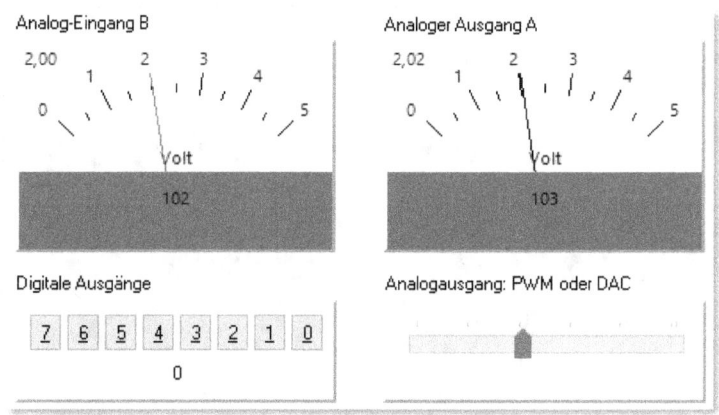

Abbildung 3-6: Zappelfreie Analoganzeige am PWM-Ausgang mit Tiefpass

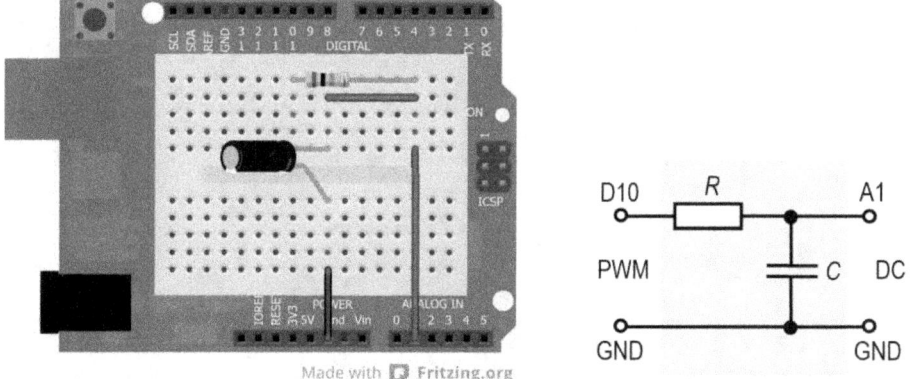

Abbildung 3-7: Tiefpass mit $R = 10$ kΩ und $C = 10$ μF (Polarität beachten) für PWM

Sobald die Ausgangsspannung dieses Tiefpasses mit einem Widerstand oder einer LED belastet wird, bricht die Spannung ein. Der Grund dafür ist, dass sich ein Kondensator über einen kleineren Widerstand schneller entladen kann und somit die Spannungshöhe schneller abnimmt, was wiederum zu einer geringeren Fläche für den arithmetischen Mittelwert führt. Mit Hilfe eines sogenannten Spannungsfolgers aus 5.3 kann dieses Verhalten umgangen werden.

4 Analoge Ein- und Ausgänge

Die beiden analogen Eingänge A und B liefern Zahlenwerte digitalisierter Analogspannungen, die in *Compact* auf analogen Zeigerinstrumenten als Momentanwert zur Anzeige kommen. Verbindet man Eingang A, was dem Anschluss A0 am Arduino entspricht, mit 5 Volt und Eingang B entsprechend mit dem 3,3 Volt Anschluss, ergibt sich das folgende Bild.

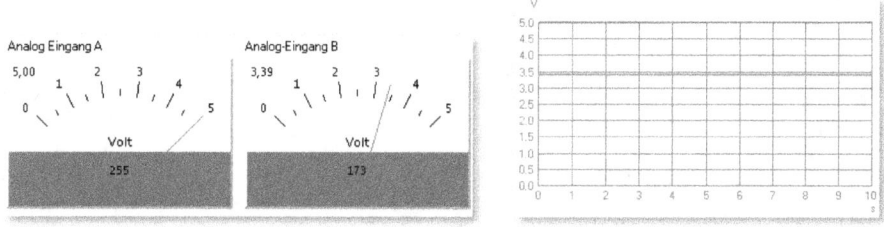

Abbildung 4-1: Gleichspannung an den analogen Eingängen A0 und A1 am Arduino

Die gelieferten Zahlenwerte entsprechen den Spannungswerten und berechnen sich z. B. für Kanal B zu

$$U = \frac{173}{255} \cdot 5\,\text{V} = 3{,}392\,\text{V}.$$

Beide Zeigerinstrumente zeigen diesen Wert jeweils oben links zusätzlich an. Der Wert 255 ergibt sich aus der verwendeten 8-Bit-Auflösung, wodurch der Analogwert in 2^8 bzw. 256 Stufen unterteilt wird. Teilt man die Maximalspannung durch diesen Wert, so erhält man die Auflösung oder die kleinste Spannungsstufe, die bei einer solchen Wandlung möglich ist. *Compact* kann somit Spannungsdifferenzen von 5 V/256, etwa 20 mV, erfassen. Trägt man den zeitlichen Verlauf der beiden Analogwerte über der Zeit im TY-Schreiber auf, so entstehen zwei horizontale Linien, die charakteristisch für konstante Größen sind. Spannungsstufen entstehen auch bei einem Digital-Analog-Wandler, der dem umgekehrten Prozess dient und in Abschnitt 4.9 erläutert ist. Ein einfacher Analog-Digital-Wandler ist das Thema in Abschnitt 4.7.

4.1 Zwei Voltmeter und ein Spannungsteiler

Schaltet man zwei AA-Batterien von 1,5 Volt hintereinander bzw. in Reihe, so erhält man eine Gesamtspannung von 3 Volt. Eine Reihenschaltung von zwei gleichen Widerständen teilt die an der Reihenschaltung angelegte Spannung ebenfalls in zwei gleiche Teile auf. Der 5-Volt-Anschluss speist eine Reihenschaltung aus z. B. zwei 10.000 Ohm (braun-schwarz-orange) Widerständen gegen Masse bzw. *GND*. Die beiden Analog-Eingänge messen jeweils die angelegte Spannung gegen Masse bzw. GND. Es kann also nur die Gesamt- und die untere Teilspannung direkt messtechnisch erfasst werden.

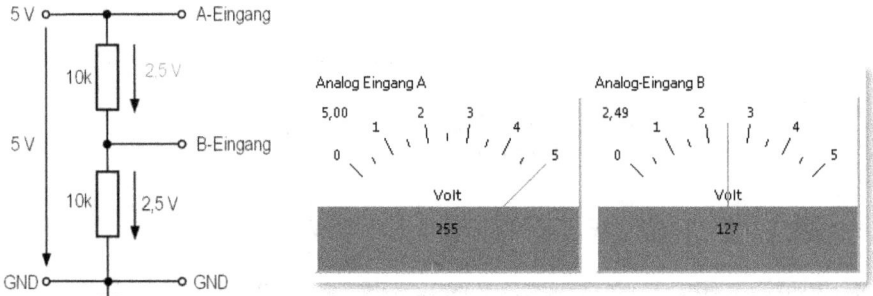

Abbildung 4-2: Spannungsteiler mit zwei Widerständen

Die obere Teilspannung erhält man über die auftretende Differenz hier nur durch Rechnung. Ein batteriebetriebenes Multimeter kann auch die obere Teilspannung messen, wenn der negative Mess-Anschluss nicht mit der Masse der Schaltung verbunden ist. Weiter unten wird gezeigt, dass sich in einer Reihenschaltung alle Teilspannungen addieren und diese Summe der Gesamtspannung entspricht. Spannungspfeile zeigen in Richtung kleinerer Spannungen, wenn ein positiver Wert angegeben ist. Ist ein einstellbarer Widerstand, ein sogenanntes

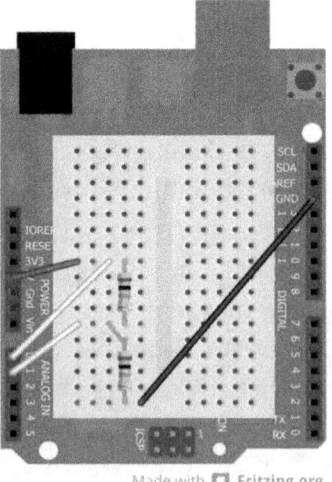

Potentiometer verfügbar, so kann man die Spannungsteilung an Eingang B kontinuierlich durch Drehen oder Schieben am Schleifer verändern.

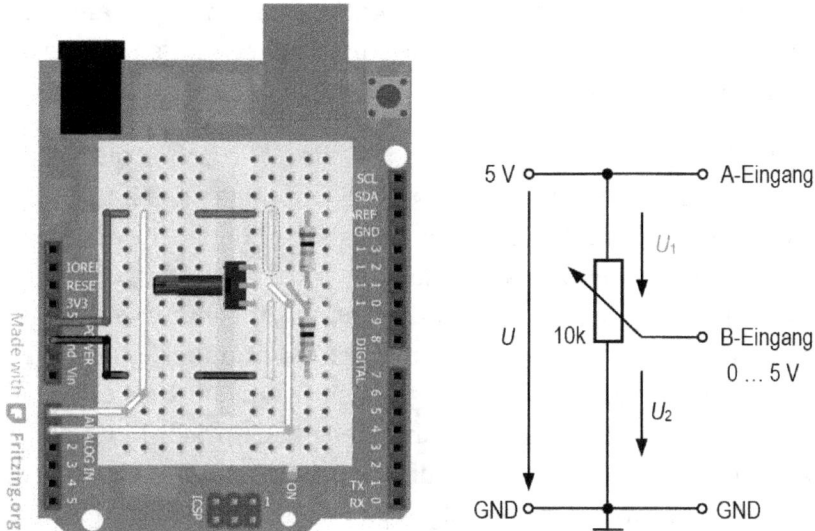

Abbildung 4-3: Potentiometer als variabler Spannungsteiler

4.2 Strom, Spannung, Widerstand

Um die verschiedenen hier dargestellten praktischen und theoretischen Ergebnisse richtig zu interpretieren oder zu verstehen, folgen an dieser Stelle kurz einige Zusammenhänge und Festlegungen.

Aus physikalisch-technischer Sicht lassen sich alle elektrischen oder elektronischen Erscheinungen auf eine einzige Eigenschaft der Materie zurückführen: die elektrische *Ladung*. Die kleinste Ladungsmenge ist nach Vereinbarung die eines Elektrons und hat den Wert $1{,}602 \cdot 10^{-19}$ Coulomb. Diese Elementarladung e_0 wird als negative Ladung angenommen. Umgekehrt geladene Teile der Materie sind Protonen im Atomkern. Ladungen unterschiedlicher Polarität ziehen sich gegenseitig an, sie streben einen Ladungsausgleich an. Dieses Ausgleichsbestreben entspricht der elektrischen *Spannung*. Um eine solche Spannung zu erhalten müssen Ladungen durch *Arbeit* getrennt werden. Solche getrennten Ladungen werden z. B. in Form von Batterien als Energiespeicher verkauft.

Damit sich Ladungen ausgleichen können, müssen die Ladungsträger beweglich sein. Bewegen sich Ladungen z. B. durch einen Draht, da dieser aus Kupfer besteht und die äußeren Elektronen als Ladungsträger nicht sehr stark an den Kern gebunden sind, kann ein Ladungsstrom fließen. Dies ist der elektrische *Strom*, der angibt wie viele Ladungen pro Zeiteinheit fließen. Er ist vergleichbar mit einem Wasserstrom, einem Verkehrsstrom, einem Güterstrom usw. Der Verkehrsstrom kann durch verengte Fahrbahnen gebremst werden, so dass der Auto-Strom abnimmt. Wird ein Kupferdraht dünner, so steigt der sogenannte elektrische *Widerstand*, sein *Leitwert* nimmt ab. Ein hoher Widerstand behindert also den Strom und damit den Ladungsfluss und damit den Ladungsausgleich. Strom und Widerstand verhalten sich demnach umgekehrt zueinander.

Den verschiedenen elektrischen Größen sind Buchstaben zugeordnet. Der Wert einer solchen Größe hat eine Einheit in der die Größe angegeben und gemessen wird.

Größe	Buchstabe	Einheit
Ladung	Q, e_0	As, Coulomb
Spannung	U	V, Volt
Arbeit, Energie	W	Ws, Vas, kWh, J
Strom	I	A, Ampère
Widerstand	R	Ω, Ohm
Leitwert	G	S, Siemens

Eine höhere Spannung erzeugt bei konstantem Widerstand einen höheren Strom. Strom und Spannung verhalten sich dann proportional bzw. verhältnisgleich oder Strom ~ Spannung, kurz $I \sim U$.

Bei konstanter Spannung nimmt der Strom bei geringerem Widerstand zu. Strom und Widerstand verhalten sich dann umgekehrt proportional, oder Strom ~ 1/Widerstand, kurz $I \sim 1/R$.

Beide Zusammenhänge sehen dann wie folgt aus: $I \sim U/R$

Die Vereinbarung ist, dass es keinen Proportionalitätsfaktor gibt und darum schreibt sich die Gleichung in folgender Schreibweise als *Ohm'sches Gesetz*.

$$I = \frac{U}{R}$$

Das Gegenteil vom Widerstand R ist der Leitwert G. Beide Größen verhalten sich umgekehrt zu einander, so dass obiges Gesetz dann wie folgt lautet: $\qquad I = U \cdot G \qquad$ *Ohm'sches Gesetz*

Der Strom ist also proportional zum Leitwert, was den Zusammenhang schon sprachlich verdeutlicht. Im physikalischen-technischen Bereich bevorzugt man die Größe Widerstand, während im chemischen Umfeld oft mit Leitwerten und Leitfähigkeiten umgegangen wird. Weitere Gleichungen aus obigem Zusammenhang sind:

$$W = Q \cdot U \qquad I = \frac{Q}{t} \qquad U = R \cdot I$$

4.3 Reihenschaltung von Widerständen

Mit einer Reihenschaltung aus drei gleichen Widerständen kann eine angelegte Spannung in drei gleiche Spannungen geteilt werden. Die messtechnische Untersuchung erfolgt mit 3 x 10k an 5 Volt. Die beiden Analog-Eingänge A und B messen jeweils eine Spannung gegen Masse, wie in der Abbildung angegeben.

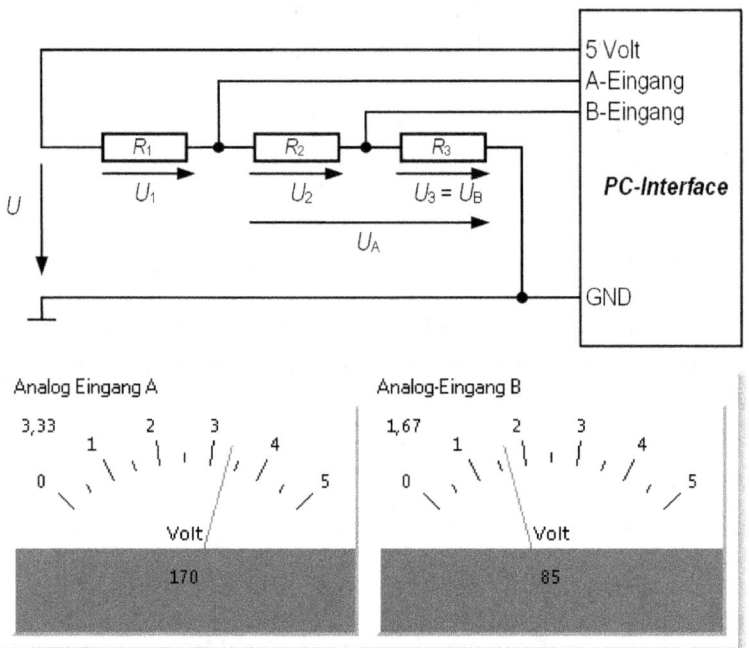

Abbildung 4-4: Schaltungsaufbau und Messergebnis der Reihenschaltung

Abgelesene Messwerte: U_A = 3,3 V, U_B = 1,67 V. Damit berechnet sich

$U_1 = U - U_A = 5\,V - 3,3\,V = \quad 1,6\,V$
$U_2 = U_A - U_B = 3,3\,V - 1,6\,V = \quad 1,6\,V$
$U_3 = U_B = \quad\quad\quad\quad\quad\quad\quad\quad 1,6\,V$ und somit:

$$U = U_1 + U_2 + U_3$$

An allen drei Widerständen fällt die gleiche Spannung ab. Mit $I = U/R$ kann man die Ströme durch die einzelnen Widerstände berechnen.

$$I_1 = U_1/R_1 = 1,66 \text{ V}/10 \text{ k}\Omega = 0,166 \text{ mA}$$
$$I_2 = U_2/R_2 = 1,66 \text{ V}/10 \text{ k}\Omega = 0,166 \text{ mA}$$
$$I_3 = U_3/R_3 = 1,66 \text{ V}/10 \text{ k}\Omega = 0,166 \text{ mA}$$

In einer Reihenschaltung ist der elektrische Strom überall gleich groß.

Die drei Widerstände lassen sich zu einem gemeinsamen Widerstand zusammenfassen durch den ein Strom von 0,166 mA fließt, wenn er an 5 Volt angeschlossen ist. Mit dem nach R umgestellten Gesetz nach Ohm folgt $R = U/I$ oder $R = 5 \text{ V}/0,166 \text{ mA} = 30 \text{ k}\Omega$.

In einer Reihenschaltung addieren sich die Einzelwiderstände zu seinem Gesamtwiderstand.

$$R = R_1 + R_2 + R_3 + \ldots$$

Auch hier verhalten sich die Spannungen wie die Widerstände.

4.4 Messbereichserweiterung

Der Innenwiderstand des Analog-Digital-Wandlers ADC vom Arduino ist mit 100 MΩ angegeben. Schaltet man zu diesem „Messwerk" einen 100 MΩ in Reihe, so würde am Eingang des ADC vom Arduino theoretisch die halbe angelegte Spannung gemessen, wodurch ein erweiterter Messbereich von 10 Volt entstehen würde. Der R_i des Arduino mit seinem 5-Volt-Messwerk könnte also mit 20 MΩ/V angegeben sein. Für einfache Messungen reichen meist auch Messwerke mit geringerem Innenwiderstand. Soll die Spannung einer 9-Volt-Block-Batterie gemessen werden, wäre ein Messbereich von 10 Volt wünschenswert. Den angezeigten Wert der Compact-Skala multipliziert man dann einfach mit dem Faktor 2.

Um das Prinzip praktisch zu untersuchen soll das Messgerät nur einen Innenwiderstand von 2 kΩ/V aufweisen. Dies entspricht einem alten, billigen analogen Multimeter aus dem Kfz-Bereich, als diese Fahrzeuge noch mit Flüssigkeiten aus fossilen Brennstoffen fuhren. Der Aufbau entspricht dem Spannungsteiler aus Abbildung 4-2. Dem hohen Innenwiderstand des ADC schaltet sich ein 10k-Widerstand parallel, der wiederum in Reihe zu einem weiteren 10k-Widerstand liegt.

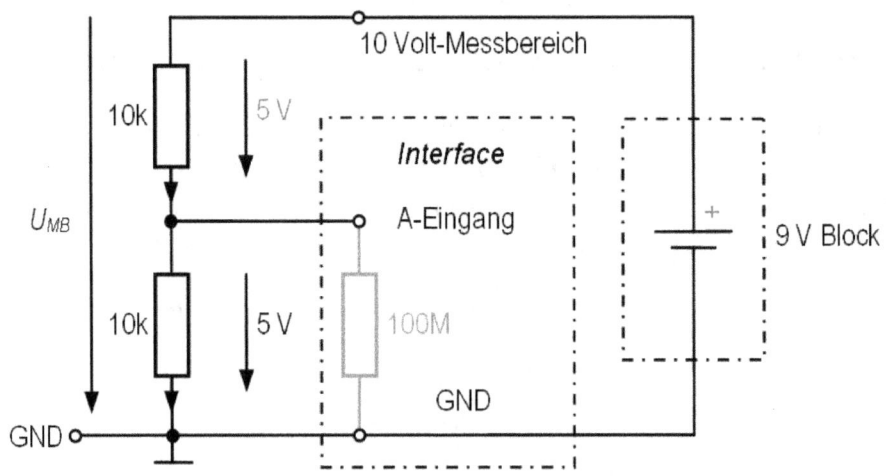

Abbildung 4-5: Messbereichserweiterung auf 10 Volt

Der 100M-Widerstand ist gegenüber dem 10k-Wert praktisch vernachlässigbar. Damit 'sieht' das Messobjekt ein Messgerät mit einem 20k-Innenwiderstand im Messbereich 10 Volt, was einer Angabe von R_i = 2 kΩ/V entspricht. Mit 100k-Widerständen würde der Wert auf 20 kΩ/V steigen und entspräche damit einem üblichen Wert einfacher analoger Voltmeter. Die Erweiterung lässt sich nach dem gleichen Prinzip nach oben erweitern, indem mehrere Widerstände vorgeschaltet werden. Ein möglicher weiterer Messbereich im Niedrigvolt-Bereich wäre z. B. 50 Volt, mit dem Skalenfaktor 10.

4.5 Gemischt parallel

Eine Schaltung nach Abbildung 4-6 mit drei 10k-Widerständen erzeugt die danebenstehenden Analogwerte. Eingang B am unteren Teil der Schaltung zeigt mit 1,67 Volt genau 1/3 der Gesamtspannung an den zwei parallel geschalteten Widerständen. Die Spannung am oberen Widerstand kann so nicht direkt gemessen werden. Der TY-Schreiber kann jedoch die Differenz zwischen Eingang A und Eingang B schreiben, was einer Differenzspannung von 3,33 Volt entspricht.

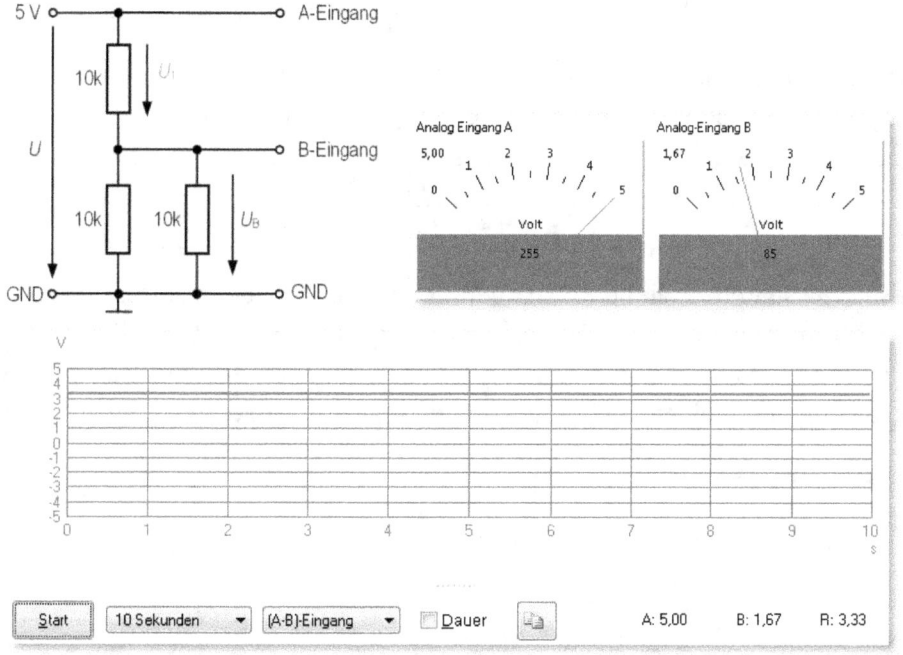

Abbildung 4-6: Alle drei auftretenden Spannungen der gemischten Schaltung

Die Summe der Einzelspannungen ergibt demnach auch hier die Gesamtspannung, es gilt weiterhin $U \sim R$ mit 66% oben und 33% unten. Mit den Spannungsverhältnissen lassen sich die Widerstandsverhältnisse gleichsetzen, um so den sich ergebenden Parallelwiderstand im unteren Teil der Schaltung zu bestimmen.

$$\frac{R_P}{R_{oben}} = \frac{U_P}{U_{oben}} = \frac{33}{66} = 0{,}5$$

Damit entspricht die Parallelschaltung im unteren Teil genau der Hälfte vom oberen Teil, entsprechend 5 kΩ und somit gilt, dass gleiche parallele Widerstände zusammen den halben Widerstandwert ergeben. Diese Parallelschaltung entspricht quasi einer Querschnittsverdopplung, wodurch sich auch der Leitwert entsprechend verhält. Anders ausgedrückt addieren sich die Leitwerte bei einer Parallelschaltung. Eine Rechnung wäre mit $G = 1/10k = 0{,}1$ mS:

$G_P = 0{,}1$ mS $+ 0{,}1$ mS $= 2$ mS, und damit $R_P = 1/G_P = 5$ kΩ.

Bleibt man bei der Schreibweise mit Widerständen, so lautet die Formel für parallel geschaltete Widerstände entsprechend

$$\frac{1}{R_P} = \frac{1}{R_1} + \frac{1}{R_2} + \cdots$$

Gesetzmäßigkeiten dienen dazu Versuche nicht für jeden Aufbau erneut durchführen zu müssen. Eine Überprüfung obiger Gesetzmäßigkeit erfolgt nun zunächst theoretisch und dann praktisch an der erweiterten Schaltung mit drei Parallelwiderständen im unteren Teil.

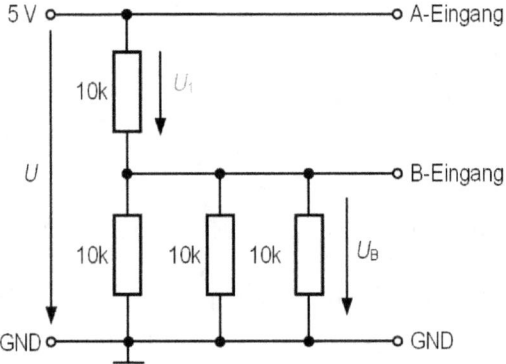

Abbildung 4-7: Überprüfung der Gesetzmäßigkeit bei parallelen Widerständen

Die Spannung U_B liegt an der Parallelschaltung von drei gleichen Widerständen von jeweils 10 kΩ. Durch Einsetzen der Werte in obige Gleichung für R_P ergibt sich ein Widerstandswert von 3,3 kΩ mit einigen Nachkommastellen. Bei gleichen Widerständen ist dies genau ein Drittel. An der Spannungsquelle liegt der Gesamtwiderstand der Schaltung, der aus der Reihenschaltung von R_{oben} und R_P besteht und sich somit zu 13,3 kΩ berechnet. Die Spannung U_P bzw. U_B an R_P berechnet sich dann wieder über die Verhältnisse.

$$\frac{U_B}{U} = \frac{R_P}{R} = \frac{3,3}{13,3} = 0,25$$

$$U_B = 5\,\text{V} \cdot 0,25 = 1,25\,\text{V}$$

Praktisches Ergebnis mit Arduino und *Compact*:

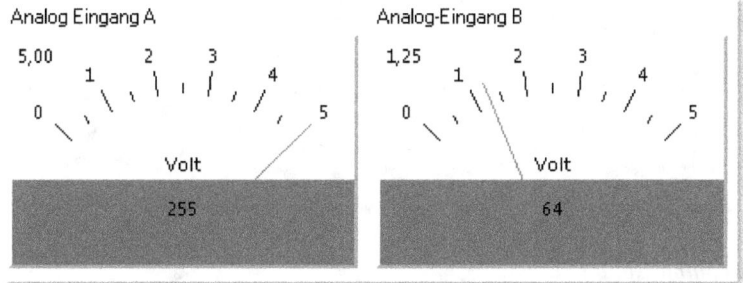

Abbildung 4-8: Praktische Bestätigung theoretischer Zusammenhänge

4.6 Strom-Messungen

Das hier verwendete PC-Interface bzw. ein Arduino hat, wie die meisten ähnlichen Apparate, keinen Eingang für Strommessungen. Soll dennoch ein Strom erfasst werden, so erfolgt dies über den Umweg der Spannungsmessung an einem bekannten Widerstand unter Anwendung des Gesetzes nach Ohm $I = U/R$. Mit einer Reihenschaltung von zwei Widerständen kann in *Compact* über die angeschlossene Hardware ein Strom direkt an einer der analogen Anzeigen abgelesen werden.

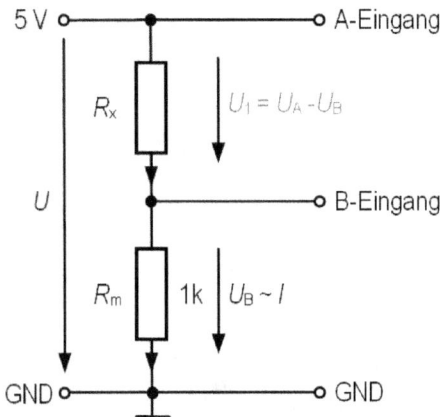

Abbildung 4-9: Strommessung in Compact

Analog-Eingang B soll einen Strom von 0 bis 5 mA anzeigen können. Die Schaltung entspricht Abbildung 4-9, darin hat der untere Messwiderstand R_m den Wert 1000 Ohm. Der Spannungsabfall an R_m wird mit dem B-Eingang als U_B gemessen und angezeigt. Diese Spannung berechnet sich zu $U_m = R_m \cdot I$, ist also proportional zum Strom I durch die in Reihe geschalteten Widerstände. Die angezeigte Spannung entspricht wegen der gewählten Größe von R_m dem 1000fachen Wert von I. Umgekehrt entspricht die angezeigte Spannung dem 1000sten Teil des Stromes. Somit beträgt der Messbereich der Analoganzeige 5 mA und der Strom ist als Wert direkt ablesbar. Eine kurze theoretische Probe mit 2 mal 1k ergibt wie in Abbildung 4-2 oben 2,5 V und unten 2,5 V, was einer Anzeige von Analog B nun 2,5 mA entsprechen soll.

Strom-Messungen 81

$$I = \frac{U}{R} = \frac{5\,V}{2\,k\Omega} = 2,5\,mA$$

Die praktische Überprüfung erfolgt mit R_x = 2,2 kΩ. Der Messwiderstand R_m bleibt unverändert 1000 Ω. Das Messergebnis zeigt die folgende Abbildung mit Analog B als *mA-Meter*, trotz der Beschriftung Volt.

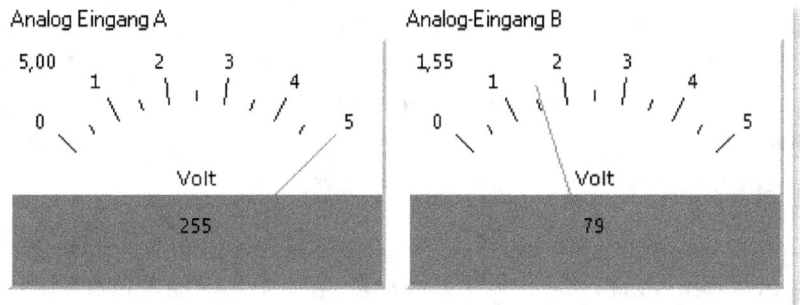

Abbildung 4-10: Strom-/Spannungsmessung 5 V und 1,55 mA

Rechnerisch ergibt sich ein Strom von 5 V/3,2 kΩ = 1,5625 mA. Die Spannungsauflösung bei einem 8-Bit-Wandler beträgt nur 20 mV, so dass die Anzeige von Eingang B zwischen 1,55 und 1,57 mA wechselt, womit der theoretische Wert sehr gut getroffen scheint.

4.7 Digital/Analog-Wandler mit der 8-4-2-1-Methode

Das hier verwendete PC-Interface bzw. ein Arduino hat, wie die meisten ähnlichen Apparate, keinen echten Ausgang für konstante analoge Spannungen. PWM-Ausgänge gehören nicht dazu, da diese den Digitalausgang nur sehr schnell an- und ausschalten. Soll dennoch eine spannungsabhängige Untersuchung mit verschiedenen konstanten Gleichspannungen erfolgen, ist eine steuerbare Spannungsquelle notwendig. Da die Digital-Ausgänge zwischen 5 Volt und 0 Volt wechseln können und die einzelnen Bits schaltbar sind, kann mit Hilfe von verschiedenen Widerständen eine solche gesteuerte Spannungsquelle realisiert werden.

Ersetzt man in Abbildung 4-9 den Widerstand R_x nacheinander durch den doppelten und den vierfachen Wert, so ergeben sich entsprechend abgestufte kleinere Ströme. Die Spannung an R_m = 1k nimmt entsprechend ab.

Mit sieben gleichen Widerständen, die entsprechend parallelgeschaltet sind, entsteht eine rechnergesteuerte Spannungsquelle.

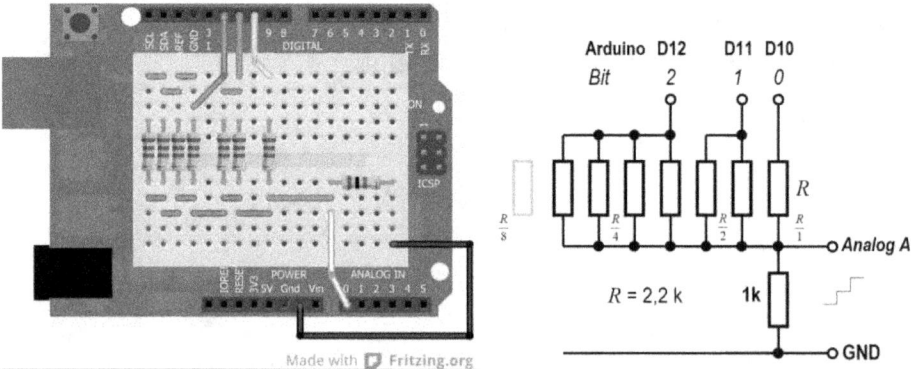

Abbildung 4-11: D/A-Wandler nach der 8-4-2-1-Methode

Der folgende Aufbau verwendet sieben Widerstände von 2,2k weil sie gerade vorrätig sind. Entsprechend jeweils gleiche Werte funktionieren ähnlich. Die Wertigkeit muss lediglich in Potenzen von Zwei an- oder absteigen, was hier durch die Parallelschaltung erfolgt. Mit den Schaltern der Digitalausgänge kann nun manuell die folgende Messtabelle überprüft werden. Mit drei Leitungen und jeweils zwei Zuständen ergeben sich 2^3 = 8 mögliche Steuerstufen.

Tabelle 4-1: Acht gesteuerte Spannungsstufen

Dezimal	Bit 2 D12 ARD	Bit 1 D11 ARD	Bit 0 D10 ARD	U_M in V
0	0	0	0	0,00
1	0	0	1	0,71
2	0	1	0	1,41
3	0	1	1	2,16
4	1	0	0	2,82
5	1	0	1	3,55
6	1	1	0	4,27
7	1	1	1	5,00

Ohne Belastung, also ohne Messwiderstand, steigt die Spannung pro Stufe um etwa 0,71 Volt. Dieser Wert stimmt mit dem rechnerischen Wert 5 V/7 gut überein. Unter Belastung mit 1k weicht die anfänglich saubere Verdopplung bei höheren Werten aufgrund der Beeinflussung durch den Messwiderstand ab. Wegen der Programmiermöglichkeit in *Compact*, lassen sich diese Stufen zeitlich im TY-Schreiber automatisch darstellen. Das Programm zählt von 0 bis 8 und gibt den Wert in einer Schleife an die Digitalausgänge weiter.

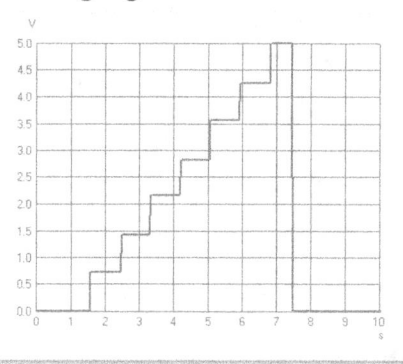 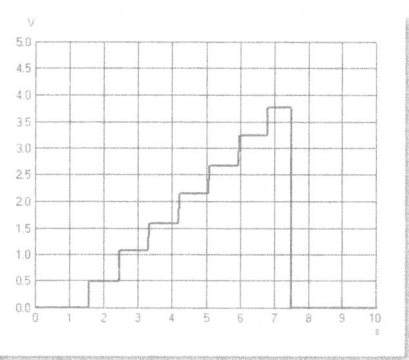

Abbildung 4-12: Gesteuerte Spannungstreppe im TY-Schreiber: ohne Last, mit Last 1k

Nach Wechsel zum TY-Schreiber-Tab startet die Taste F5 das Programm, welches ebenfalls den Schreiber steuert und so die Darstellung automatisch schreibt, bis zum Schluss wieder alle Ausgänge abgeschaltet werden.

```
PROGRAMM
  Zahl = 0
  Schreibe TY-Schreiber
  Wiederhole
        Schreibe Zahl
        Ausgänge = Zahl
        Zahl + 1
  Bis Zahl = 8
  Ausgänge = 0
ENDE.
```

4.8 KENNLINIEN MIT COMPACT

Mit obiger gesteuerten Spannungsquelle liegt ein einfacher Digital-Analog-Wandler vor. Die Auflösung erlaubt mit drei Bit lediglich acht Spannungsstufen, was jedoch für manche Kennlinien ausreichend sein kann mit einer zumindest einfachen und preiswerten Anordnung.

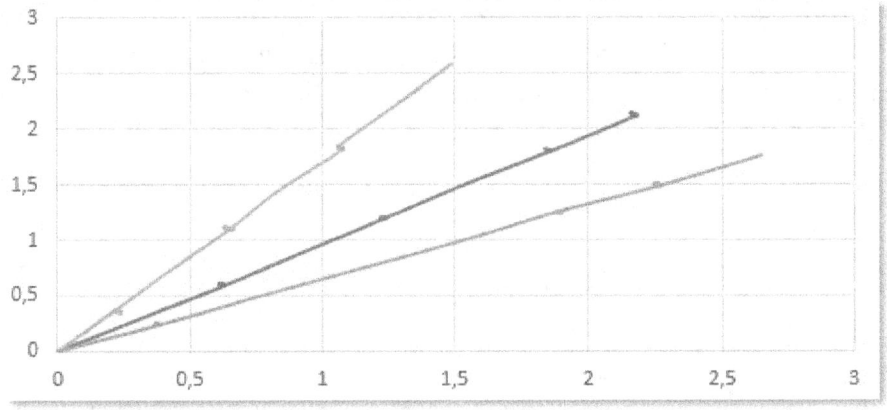

Abbildung 4-13: Kennlinien von drei verschiedenen Widerständen im Tabellenblatt

Das dargestellte Diagramm stellt die mit *Compact* aufgenommen Messwerte in einer Tabellenkalkulation dar. Die einzelnen Messreihen der drei Widerstände von 560, 1k, 1,5k sind über die Zwischenablage eingefügt und ein einem einzigen Diagramm durch das Hinzufügen von Datenquellen erzeugt worden. Es zeigt die Abhängigkeit Strom in mA auf der Y-Achse von der Spannung in V auf der X-Achse.

Die Aufnahme einer solchen Kennlinie kann manuell oder per Programm erfolgen. Bei der manuellen Aufnahme sind die Digitalausgänge so zu schalten, dass alle acht Spannungsstufen einmal eingeschaltet sind, nachdem der XY-Schreiber ebenfalls manuell gestartet ist. Die Aufnahme per Programm entspricht überwiegend dem der Spannungsteuerung im vorigen Abschnitt. Lediglich der Schreiber ist diesmal der XY-Schreiber, der am Ende der Messung den Stift anhebt, bevor die Spannung wieder auf 0 Volt schaltet.

```
PROGRAMM
 Zahl = 0
 Wiederhole
       Schreibe Zahl
       Ausgänge = Zahl
       Zahl + 1
 Bis Zahl = 8
 Schreibe XY-Schreiber
 Ausgänge = 0
ENDE.
```

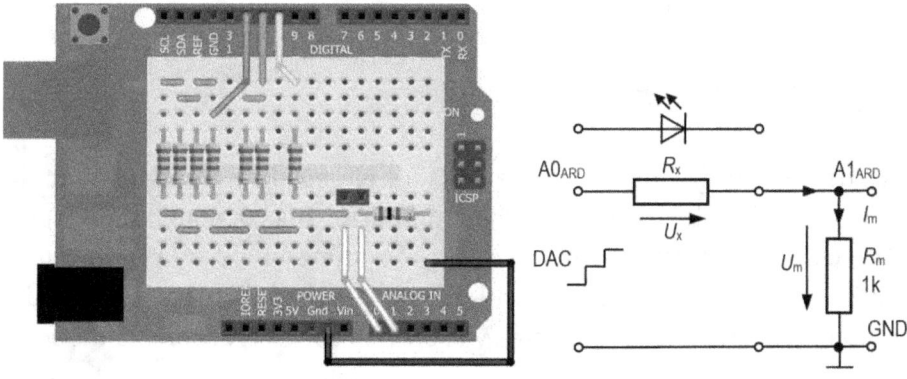

Abbildung 4-14: Kennlinienaufnahme mit verschiedenen Spannungsstufen

Das Messobjekt liegt zwischen der steuerbaren Spannungsquelle mit ihrem gemeinsamen Anschluss und dem Messwiderstand 1k. Eingang A, am Arduino A0, ist mit dem gemeinsamen Anschluss verbunden und misst die erzeugte Spannung an der Reihenschaltung Messobjekt-Messwiderstand. Eingang B bzw. A1 ist am anderen Ende des Messobjekts und an R_M angeschlossen. Der XY-Schreiber muss bei der Aufnahme der Kennlinie die Differenzspannung (A-B) auf der X-Achse aufzeichnen, was der Spannung am

Messobjekt entspricht. Die Y-Achse zeichnet die Spannung B auf, was dem Strom in mA entspricht, entsprechend Abschnitt 4.6.

Die programmgestützte Kennlinienaufnahme beginnt manuell durch Betätigung des Start-Tasters. Der Schreiber befindet sich im Nullpunkt und mit F5 beginnt die Spannungssteuerung per Programm. Am Ende schaltet das Programm den Schreibstift hoch, indem die Stopp-Taste automatisch bedient wird. Für ein weiteres Bauteil mit seiner Kennlinie wiederholt sich dieser Ablauf. Die Messdaten lassen sich über die Zwischenablage in andere Anwendungen übernehmen.

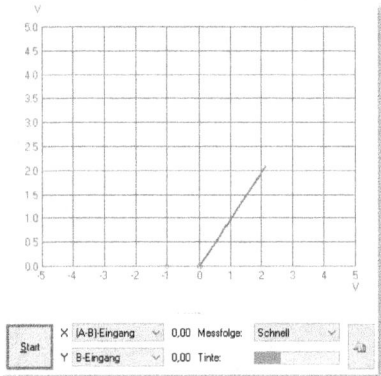

Abbildung 4-15: Screenshot der Kennlinienaufnahme, Messobjekt 1k-Widerstand

Nach der Messung kann, zur besseren Darstellung, die X-Achse wieder auf A-Eingang geschaltet sein, damit der Nullpunkt links erscheint, die Messdaten jedoch unverändert bleiben. Tritt an die Stelle des Widerstandes eine LED oder eine Gleichrichterdiode aus Silizium, so ergeben sich die dafür charakteristischen Verläufe, wie sie aus der Literatur bekannt sind.

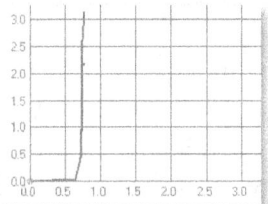 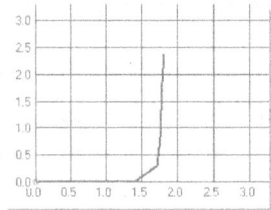 

Abbildung 4-16: Kennlinien in Compact: Silizium, LED gelb, LED grün (superhell)

4.9 R2R-Digital/Analog-Wandler mit 8 Bit

Die 8-4-2-1-Methode zur Analog/Digital-Wandlung ist unkompliziert, hat jedoch den Nachteil, dass bei höherer Auflösung schnell extreme Widerstandwerte auftreten. Die hier vorgestellte Methode kennt dieses Problem nicht.

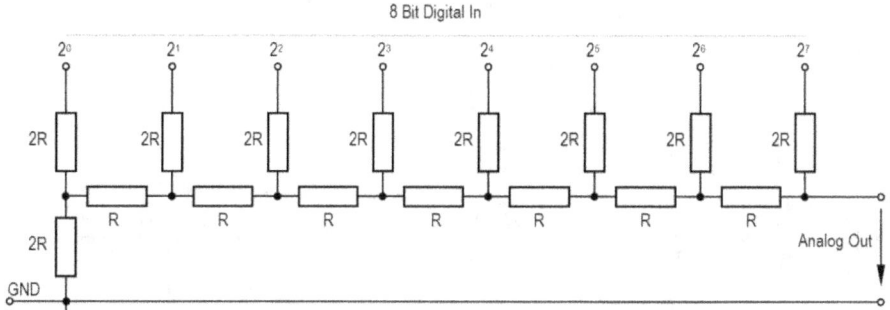

Abbildung 4-17: Wandler mit 8 Bit mit der R2R-Methode

Ein *R2R*-Netzwerk benutzt nur zwei Widerstandwerte, wobei der zweite Wert den doppelten Wert (2*R*) des ersten Widerstands (*R*) hat. Mit einem 8-Bit-Wandler können Zahlen von 0 bis 255 Spannungen im Bereich von 0 bis 5 Volt liefern. Dies entspricht einer Auflösung von etwa 20 mV.

Ein 8-Bit-Wandler kann z. B. an die acht Digital-Ausgänge 0 bis 7 angeschlossen werden. Mittels eines Programms lässt dann der Analogwert mittels *Ausgänge* steuern. Ein *R2R*-Netzwerk für das PC-Interface mit Arduino an den Anschlüssen 0 bis 7 hat dann folgendes Aussehen:

Um die Funktionsweise dieses DAC-Verfahrens zu erläutern ist die 8-Bit-Wandlung etwas komplex. Eine 2-Bit-Wandlung macht das Prinzip klar und kann die Formel

$$\Delta U_A = \frac{5\,Volt}{2^n}$$

überprüfen. Für *n* = 8 ergibt das eine Auflösung von 19,5 mV. Bei 2 Bit wären das nur 1,25 Volt. Dieser Wert soll anhand von Berechnungen nachgewiesen werden. Dazu sind Kenntnisse bezüglich der Reihen- und Parallelschaltung von Widerständen aus diesem Abschnitt erforderlich.

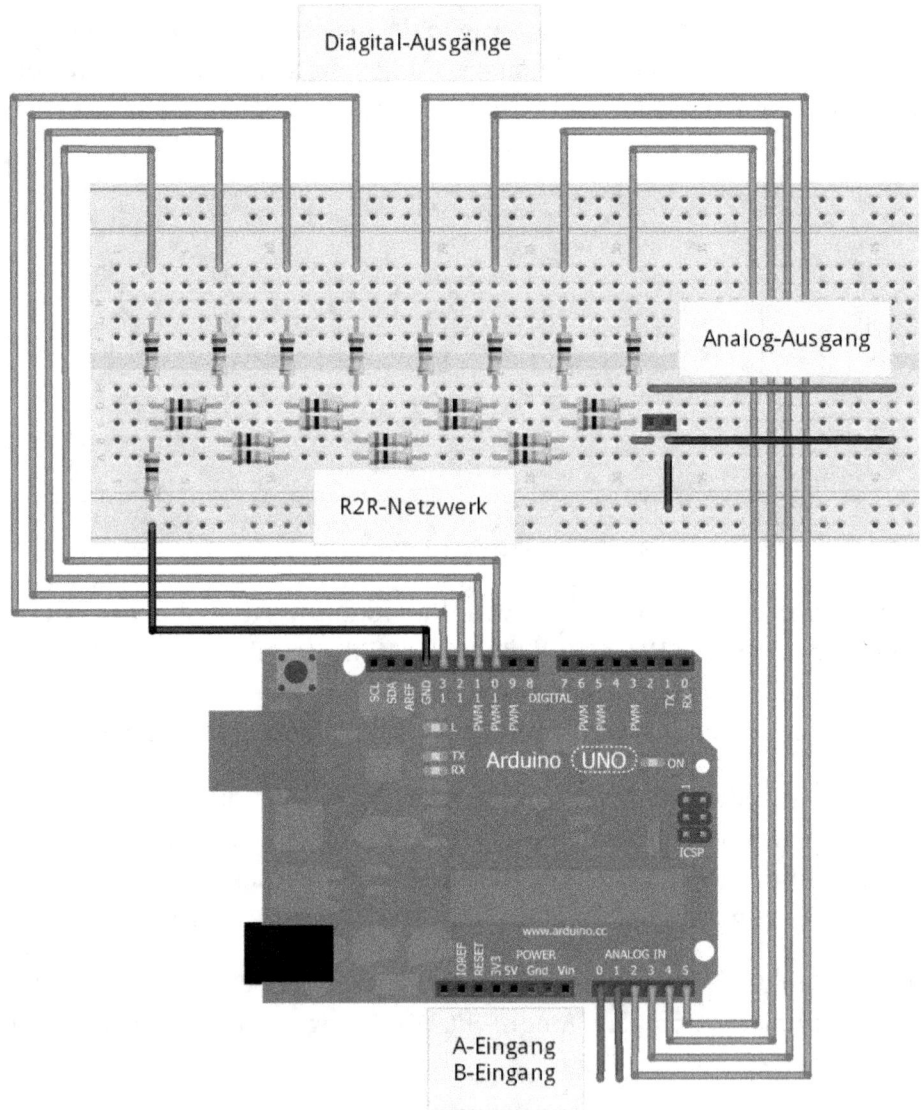

Abbildung 4-18: Umsetzung eines R2R-8-Bit-Wandlers mit Arduino

4.9.1 Theorie mit 2 Bit

Die Schaltung für 2 Bit sieht übersichtlicher aus und lässt sich einfacher berechnen. Die beiden Eingänge seien mit Ausgang 0 und Ausgang 1 verbunden, die nacheinander die Zahlen 1, 2 und 3 liefern. In binärer Schreibweise ist das dann 01, 10, und 11. Da eine logische Null Massepotenzial bzw. *GND* bedeutet, kann ein Eingang auch mit *GND* verbunden sein, ohne dass sich etwas ändert. Eine logische Eins entspricht hier 5 Volt. Damit ändert sich quasi die Schaltung, je nach-

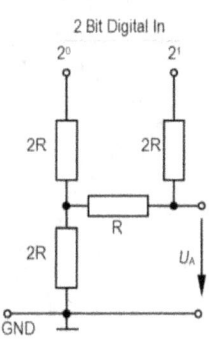

dem welche Signale an den Eingängen liegen. Um das sich ergebende Widerstandsnetzwerk zu erkennen, kann für den jeweiligen Zählerstand ein Ersatzschaltbild erstellt werden, an dem dann die Grundlagen des Gleichstromkreises zur Anwendung kommen können. Liegen beide Eingänge auf logisch Null, so sind die Anschlüsse quasi an *GND* gelegt. Es kann keine Spannung an U_A auftreten. Bei Zählerstand 1 wechselt der Eingang 2^0 auf 5 Volt, 2^1 bleibt auf 0 Volt.

Zählerstand 1

Bei diesem Zählerstand sollte der DAC eine Spannung liefern, die der Auflösung entspricht. Bei 2 Bit und 5 Volt ist das 1,25 Volt. Die Schaltung mit Logikzuständen und das sich ergebende Ersatzschaltbild:

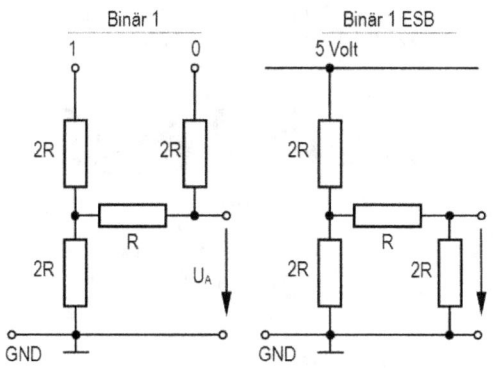 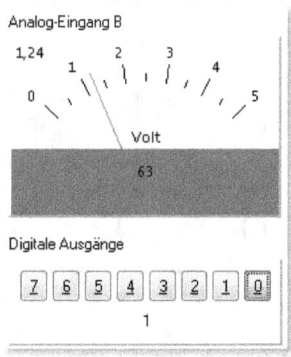

Das Ersatzschaltbild zeigt zwei Spannungsteiler mit der Ausgangsspannung am unteren, rechten 2R-Widerstand. Fasst man die drei unteren Widerstände als einen gemeinsamen Widerstand R_p zusammen, ergibt sich $R_p = 3R || 2R$. Mit den Gesetzmäßigkeiten der Parallelschaltung von Widerständen ergibt das 1,2R. Dieser Widerstand liegt über den oberen 2R-Wert an 5 Volt. Damit errechnet sich die Spannung am Widerstand R_p oder an der rechten Reihenschaltung von R mit 2R zu

$$\frac{U}{U_p} = \frac{2R+1,2R}{1,2R} \text{ oder } U_p = U\frac{1,2R}{2R+1,2R} = U \cdot \frac{1,2}{3,2}$$

Mit U = 5 Volt ergibt sich eine Spannung von U_p = 1,875 Volt am unteren, linken 2R-Widertand und an der rechten Reihenschaltung R + 2R. Diese Spannung teilt sich erneut, so dass für U_A gilt

$$U_A = U_p \cdot \frac{2R}{3R} \text{ und damit } U_A = 1,875 \text{ V} \cdot \frac{2}{3} = 1,25 \text{ Volt}$$

Der erste Beweis wäre erbracht.

Zählerstand 2

Soll die Ausgangsspannung proportional zum Zahlenwert sein, so muss sich bei doppeltem Zahlenwert auch die doppelte Spannung einstellen. Die beiden Eingänge wechseln ihren Zustand.

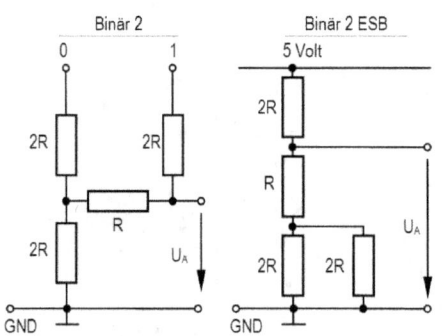
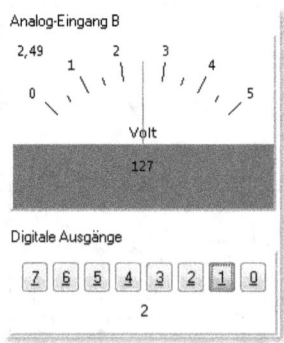

Die untere Parallelschaltung ergibt den Wert 1R, so dass die Spannung U_A an einem Widerstandswert 2R abfällt. Damit teilt sich die Gesamt- Spannung zu gleichen Teilen auf und es liegen 2,5 Volt am Ausgang an, was einer Verdopplung von 1,25 Volt entspricht. Formeln können durch das Ersatzschaltbild entfallen.

Zählerstand 3

Bei diesem Zählerstand liegen beide Eingänge an 5 Volt und es ergibt sich ein völlig anderes Ersatzschaltbild. Die Ausgangsspannung setzt sich aus Einzelspannungen zusammen:

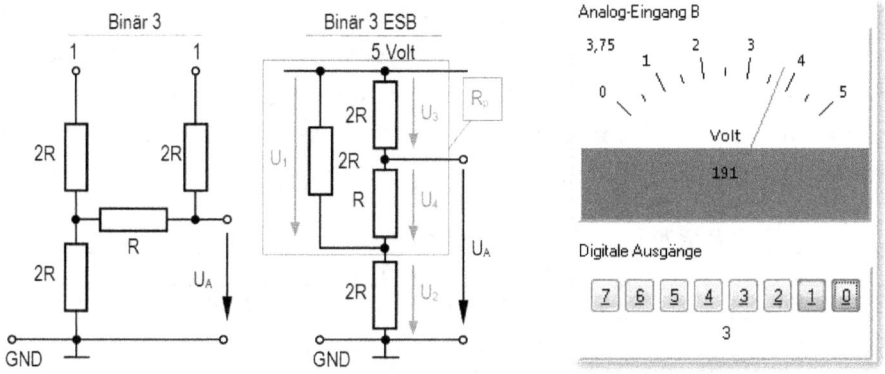

Die Spannung $U1$ und $U2$ ergeben zusammen die Gesamtspannung. Der Widerstand R_p ist wieder $R_p = 3R||2R = 1,2R$. Die Spannungen berechnen sich wie folgt.

$$U_2 = U \frac{2R}{3,2R} = 3,125 \text{ V}$$

$$U_1 = U - U_2 = 1,875 \text{ V}$$

$$U_4 = U_1 \frac{R}{3R} = 0,625 \text{ V}$$

$$U_A = U_4 + U_2 = 3,75 \text{ V}$$

Dies ist das Dreifache der Auflösung

4.9.2 Praxis mit 2 Bit

Praxis und Theorie erlauben eine erste Anwendung. Um den Aufbau zunächst unkompliziert zu halten, folgt hier die Überprüfung mit ebenfalls nur zwei Bit. Zum Einsatz kommt ein integriertes Widerstandsnetzwerk in Form eines 16poligen IC mit der Bezeichnung *4116R-R2R L-103*. Die Zahl 103 entspricht 10k und lehnt sich an die Ringkennzeichnung Braun-Schwarz-Orange mit entsprechender Wertigkeit an. Bei diesem IC sind auch die Zwischenstufen des 8stufigen Netzwerks abgreifbar, womit die 2-Bit-Fassung überprüfbar ist. Die jeweiligen Messergebnisse sind neben dem entsprechenden Ersatzschaltbild dargestellt. Die rechte Anzeige mit *Eingang B* erlaubt das Ablesen der Digital-Ausgangs und des sich einstellenden Analogwerts untereinander. Die vier benötigten Verbindungen sind tabellarisch aufgeführt.

4116R-R2R L-103	PC-Interface	Arduino Uno
Pin 7	Ausgang 1 (Bit 1)	D11
Pin 8	Ausgang 0 (Bit0)	D10
Pin 9	Masse	GND
Pin 10	Eingang B (Aout 2 Bit)	A1

Eine diskret aufgebaute Schaltung mit z. B. 2,2k-Widerständen liefert auf einem Steckbrett bei guter Kontaktierung dieselben Resultate.

4.9.3 Spannungs-Steuerung

Mit den acht Bits der Digital-Ausgänge lassen sich nun analoge Spannungswerte mit einer Auflösung von etwa 20 mV am Ausgang des *R2R*-Netzwerks einstellen. Im Gegensatz zu PWM treten hier konstante Gleichspannungen auf, wodurch Kennlinien in dieser Messumgebung sauberer erscheinen. Mit gleichem Aufbau wie in Abbildung 4-14 lassen sich mit einem kleinen Programm die Kennlinien verschiedener Bauteile aufnehmen.

R2R-Digital/Analog-Wandler mit 8 Bit

```
PROGRAMM
 Schreibe XY-Schreiber
 Wiederhole
       Zahl + 5
       Ausgänge = Zahl
 Bis Zahl = 255
 Wiederhole
 Bis Tastendruck
 Zahl = 0
 Ausgänge = Zahl
ENDE.
```

Bei der Messung steht der X-Kanal des *XY-Schreibers* auf *(A-B)-Eingang* und die Messfolge auf *mittel*. Mit *F5* starten die Messung und der Schreiber. Die Analog-Spannung folgt den Ausgängen, die schrittweise um 5 erhöht werden. Nach dem Erreichen des Maximalwerts wartet das Programm auf die *Strg*-Taste um den Schreib-Stift manuell anzuheben, den Schreiber zu stoppen. Nach Tastendruck geht der Analog-Ausgang wieder in die Ausgangsstellung und das Programm endet. Zur Darstellung kann der X-Kanal auf *A-Eingang* umgeschaltet werden. Mit einem Messwiderstand von 1k entstehen die dargestellten Kennlinien mit dem R2R-Netzwerk.

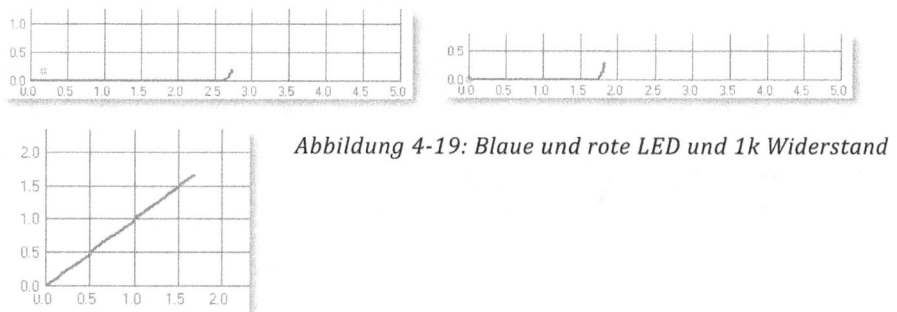

Abbildung 4-19: Blaue und rote LED und 1k Widerstand

Die Spannung bricht durch die hochohmige Spannungsquelle früh ein, der Dioden-Knick ist gerade noch messbar. Bei nachgeschaltetem Operationsverstärker LM358 als Spannungs-Folger in Abschnitt 5.3 zeigt das Messobjekt 1000 Ohm eine klare Gerade als Kennlinie; die Quelle wird belastbarer.

4.10 Innenwiderstand einer Spannungsquelle

Eine Leuchtdiode wird direkt und ohne Vorwiderstand an Digital-Ausgang 0 bzw. D10 am Arduino angeschlossen. Bei eingeschaltetem Ausgang leuchtet die LED hell, aber brennt nicht durch. Würde man die LED direkt an der Betriebsspannung 5 Volt gegen Masse betreiben, verabschiedet sich das Bauelement meist mit einem einmaligen, hellen Blitz oder nur einem leisen Klick! Mutwillige Zerstörung ist nicht notwendig und auch nicht nachhaltig, da diese Versuche unfreiwillig oder durch Unwissen bereits im Ergebnis bekannt sind. Der Grund der Zerstörung liegt darin, dass die LED bei etwa 2,5 bis 3,5 Volt leuchtet und somit mit 5 Volt völlig überlastet ist.

Ein Digital-Ausgang liefert ebenfalls 5 Volt, die LED brennt jedoch nicht durch, da es eine Strombegrenzung gibt. Diese Begrenzung sorgt dafür, dass ein gewisser Strom nicht überschritten werden kann. Fasst man den Digital-Ausgang als Spannungsquelle auf, so kann ihm auch ein Innenwiderstand zugeordnet werden. Bei einer Batterie fasst man z. B. alle chemischen Zusammensetzungen als einen in Reihe geschalteten Ohm'schen Widerstand auf und nennt diesen R_i.

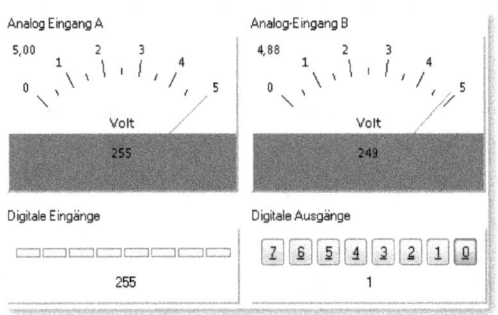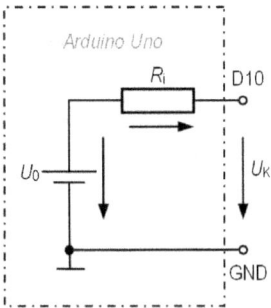

Abbildung 4-20: Leerlaufspannung von Digital-Ausgang 0 an Eingang A

Analog-Eingang A zeigt 5 Volt, da Digital-Ausgang 0 angeschaltet ist, also eine Spannungsquelle von 5 Volt oder 0 Volt darstellt, je nach Schalterstellung. Analog-Eingang B bleibt offen und schwingt darum beim Umschalten etwas mit, spielt aber hier keine Rolle. Digital-Ausgang 0 stellt in dieser Verschaltung eine unbelastete Spannungsquelle dar. Das Messgerät in Form des Analog-Eingangs A bzw. konkret des Analog-Digitalwandlers A0 des Arduino stellt mit 100 MΩ keine Belastung dar, die hier Berücksichtigung finden muss.

Nun wird ein Widerstand von 220 Ohm mit der 3-Ring-Farbkodierung Rot-Rot-Braun als Lastwiderstand an diese Spannungsquelle gelegt. Der Analog-Eingang A bleibt angeschlossen. Die angezeigte Spannung zeigt einen deutlich geringeren Wert im Vergleich zum Leerlauf.

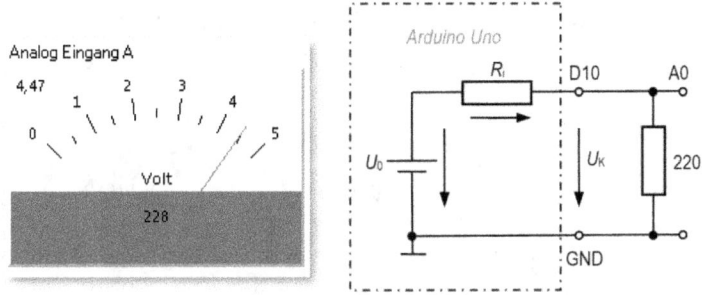

Abbildung 4-21: Arduino Pin 10 als belastete Spannungsquelle

Die sogenannte Klemmenspannung U_K an der Diode und am Ausgang D10 verringert sich um 0,53 V auf 4,47 V. Dies ist nur möglich, wenn an anderer Stelle diese 0,53 V abfallen. In der angenommenen Reihenschaltung ist das nur an R_i möglich. Diese Spannung ist jedoch nicht direkt zugänglich. Da sich Widerstände wie die Spannungen ins Verhältnis setzen lassen, gilt hier rechnerisch der folgende Weg zur Berechnung des Innerwiderstandes.

$$\frac{R_i}{R_L} = \frac{U_i}{U_L}$$

und $\quad U_i = U_0 - U_K = 5\,V - 4{,}47\,V = 0{,}53\,V$

$$R_i = R_L \cdot \frac{U_i}{U_L}$$

$$R_i = 220\,\Omega \cdot \frac{0{,}53\,V}{4{,}47\,V} = 26\,\Omega$$

Auf diese Art ergibt sich ein Innenwiderstand von etwa 26 Ohm[1]. Mit dieser Überlegung sollte die gemessene Spannung bei einer Belastung mit diesem Widerstandwert auf die Hälfte der verfügbaren Gesamtspannung von 5 Volt abfallen und 2,5 Volt ergeben, da sich sie Spannung auf beide Widerstände gleich aufteilt.

Der Lastwiderstand wird nun durch eine helle grüne LED ersetzt. Diese Leuchtdioden leiten und leuchten ab etwa 2,6 Volt. Eine Spannungsmessung ergibt 3,63 V (3,4 DMM) an der Spannungsquelle und der Diode. Die Differenz zu 5 V beträgt nun 1,37 V als Spannung, die am Innenwiderstand von geschätzten 30 Ohm abfallen. Der sich berechnende Strom ist demnach 1,37 V / 30 Ohm, also 46 mA, gemessen 36 mA mit Multimeter.

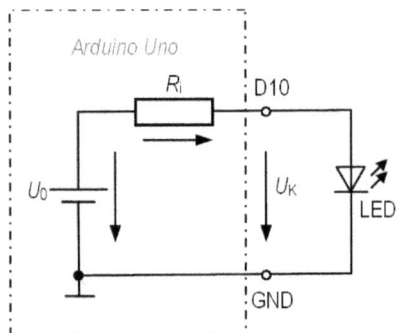

Abbildung 4-22: Strombegrenzung durch den Innenwiderstand

---

[1] Ein entsprechender Versuch zeigt, dass bei fliegendem Aufbau bei 33 Ohm als Last diese Spannungshalbierung auftritt, so dass von einem Innenwiderstand von ca. 30 Ohm ausgegangen werden kann. Bei Kurschluss, also einer Verbindung D10 mit Masse bzw. GND wird die 5-Volt-Quelle also mit 30 Ω belastet, wodurch sich ein maximaler Strom von etwa 166 mA ergibt. Diesen Strom wandelt der Widerstand in Wärmeenergie um und erwärmt den Mikrocontroller. Die umgesetzte elektrische Leistung berechnet sich in diesem maximalen Belastungsfall zu 5 V · 0,16 A = 830 mW, die im inneren des Arduino abgegeben werden. Die Leistung eines üblichen Widerstandes als Bauteil ist meist nur 0,25 W. Diese praktische Untersuchung ist in keinerlei Hinsicht nachhaltig und dient nur einer kurzen Überprüfung einer Annahme!

5 Sensoren und Verstärker

Sensoren wandeln nicht-elektrische Größen in eine elektrische Größe, um sie elektronisch zu erfassen. Sie liefern oft sehr kleine Spannungen, die zur Weiterverarbeitung verstärkt werden müssen. Einige wenige Sensoren für nicht-elektrische Größen mit entsprechender Pegelanpassung kommen in diesem Kapitel zum Einsatz. Als Verstärker wird ein Operationsverstärker vm Typ LM358 verwendet, der in seinem achtbeinigen IC zwei getrennte sogenannte OpAmp enthält. Solche Verstärker zeichnen sich dadurch aus, dass sie durch eine sehr einfache äußere Beschaltung die verschiedenartigsten analogen Aufgaben erfüllen können. Auch die Verstärkungshöhe kann man meist durch einfache Widerstandsverhältnisse einstellen. Ein OpAmp arbeitet üblicherweise mit einer bipolaren Spannungsquelle, um auch im negativen Gleichspannungsbereich arbeiten zu können. Bei einigen einfachen Anwendungen kann bei einem LM385 eine negative Spannungsversorgung entfallen.

Der Operationsverstärker wird in diesem Kapitel in erster Linie praktisch angewandt. Als zweiter Schritt folgt gegebenfalls eine Überprüfung der praktischen Messergebnisse mit theoretischen Gleichungen. Für den neugierigen Leser sind einige Herleitungen für diese Gleichungen angegegben.

Dieses Kapitel ist eine Erweiterung der Grundlagen aus Kapitel 4 und führt über die Anwendung der verschiedenen Grundschaltungen eines Operationsverstärkers zu praktischen Anwendungen, die dem realen Aufbau nahe kommen.

5.1 Temperatur-Sensor LM35

Ein Temperatur-Sensor LM35 ist einfach in der Anwendung und preiswert in der Anschaffung. In einem dreibeinigen Gehäuse ist die Elektronik untergebracht, die dafür sorgt, dass bei z. B. 5 Volt Versorgung am Ausgang eine der Temperatur proportionale Gleichspannung auftritt. Der Sensor ist somit auch ganz ohne Mikrocontroller einsetzbar. 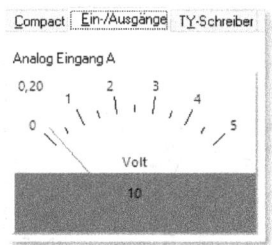 Der Umrechnungsfaktor beträgt 10 mV/K, so dass bei einer Zimmertemperatur von 20 °C am Ausgang 200 mV messbar sind. Dies entspricht einem 8-Bit-Digitalwert von etwa 10 von 255 am Analog-Eingang A und der Zeiger zeigt etwa 0,20 Volt an. Um mit *Compact* Temperaturen von 0 bis 35 °C direkt auf der Volt-Skala anzuzeigen, kann das schwache Signal mittels Verstärkung so angehoben werden, dass aus 200 mV der Wert 2 Volt wird und somit der angezeigte Skalenwert nur mit 10 multipliziert werden muss. Für diese Zwecke existieren einfache Analogverstärker, die mit geringem Schaltungsaufwand die gewünschte höhere Spannung an ihrem Ausgang liefern.

5.1.1 Nicht-invertierender Verstärker

Der Verstärkungsfaktor *V* zwischen Aus- und Eingang bei dem hier weiter unten dargestellten sogenannten *nicht-invertierenden Operationsverstärker* berechnet sich einfach zu

$$V = \frac{U_B}{U_A} \text{ oder } V = 1 + \frac{R_2}{R_1}$$

Um etwa die 10fache Verstärkung zu erhalten ergibt sich also ein Widerstandsverhältnis von 9. Wenn R_1 mit 1k festgelegt ist, wäre ein R_2 mit 8,2k der gesuchte praktische Wert. Damit zeigt sich am Ausgang bei 0,27 V am Eingang etwa die Spannung 2,7 Volt, was wiederum ca. 27 °C entspricht.

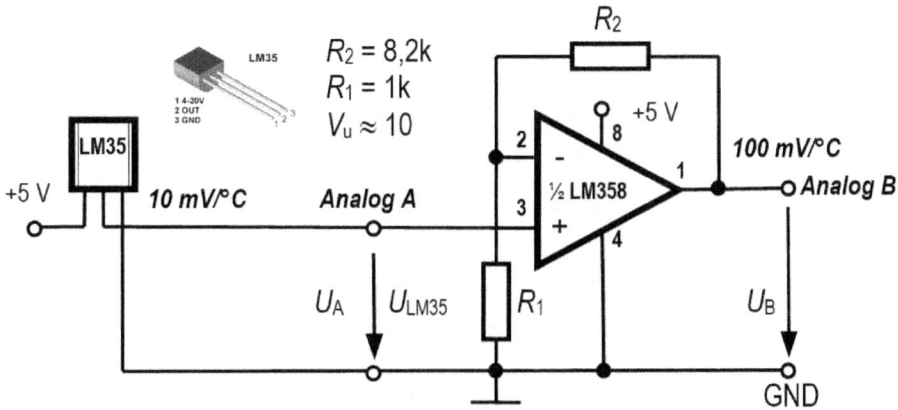

Abbildung 5-1: Temperatur-Sensor und Gleichspannungsverstärker

Ein LM358 mit nur positiver Versorgungsspannung kann an seinem Ausgang nicht die volle Betriebsspannung ausgeben, wodurch der Temperaturbereich nicht bis zu den theoretischen 50 °C reicht. Mit einem einstellbaren Widerstand lässt sich die Verstärkung genau kalibrieren.

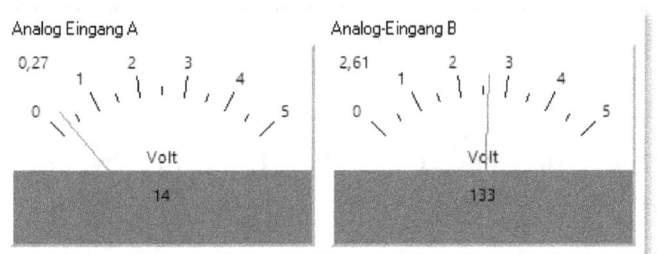

Abbildung 5-2: Etwa 10fache Verstärkung zwischen Analog A und Analog B

Mit dieser Anordnung und etwas Kältespray oder einem Föhn sind Aufheiz- oder Abkühlkurven darstellbar. Ein winziger Schub Kältespray aus der Reparaturwerkstatt bewirkt eine schlagartige Abkühlung unter 0 °C. Nach einer Weile steigt die Temperatur wieder auf über 0° C und der TY-Schreiber generiert eine wunderschöne Aufheizkurve in Richtung Zimmertemperatur. Der Verlauf entspricht einer *e*-Funktion, wie beim Aufladen eines Kondensators, weshalb bei beiden Erscheinungen dieselben Gesetzmäßigkeiten gelten und Temperaturverläufe elektrisch simulierbar sind.

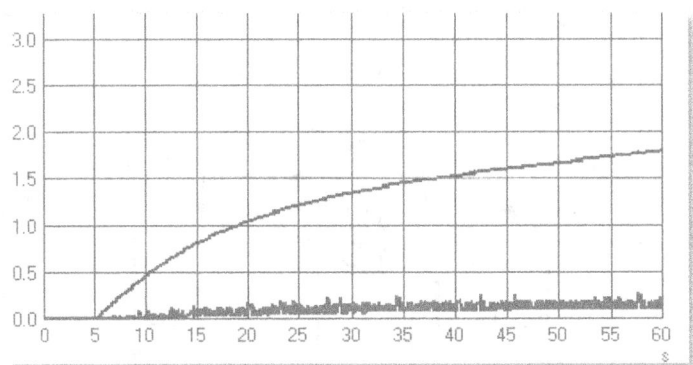

Abbildung 5-3: Aufheizkurve des LM35 und Verstärker

Während Eingang A ein undeutliches Signal schreibt ist Eingang B am Verstärker angeschlossen und liefert ein starkes Signal.

Ist der Temperaturverlauf nur von untergeordnetem Interesse, kann diese Anordnung auch dazu dienen eine Art Temperaturalarm zu erzeugen. Mit einem Programm, welches den Analog-Eingang B abfragt und entsprechend das PWM-Signal an Bit 0 oder D10 am Arduino an- und ausschaltet, um den dort angeschlossenen Piezo-Beeper zu steuern. Auch kann am Ausgang 6 des Verstärkers direkt eine LED gegen Masse angeschlossen sein, die ihre Helligkeit schon durch Berührung des LM35 mit dem Finger ändert. Mit R_2 = 5,6k und entsprechender Schaltschwelle im Programm entsteht der Temperaturalarm.

```
PROGRAMM
 Wiederhole
      Schreibe B-Eingang
      Wenn B-Eingang > 90 Dann
           Zahl = 127
           Ausgang 0 = P
      EndeWenn
      Wenn B-Eingang < 90 Dann
           Ausgang 0 = O
      EndeWenn
 Bis Tastendruck
ENDE.
```
Listing 5-1: Akustischer Temperaturalarm

5.2 Luftzug-Sensor im Eigenbau

Ein Luftzug-Sensor kann mit einfachen Mitteln aus dem eigenen Haushalt oder Büro realisiert werden. Mit einer Büroklammer aus Metall und einem abisolierten Kupferdraht entsteht ein einfaches Thermoelement, welches mit geeigneter Verstärkung als Luftzug-Warner verwendet werden kann. Ein Thermoelement besteht aus zwei unterschiedlichen leitenden Metallen, die an ihrem einen Ende miteinander verschweißt, verlötet oder nur verdrillt sind. Das andere Ende führt zu einem Verstärker, der die sehr geringe Spannung auf ein für den Arduino erkennbares Spannungsmaß anhebt. Im einfachsten Fall erfolgt dies mit einem Operationsverstärker in der Betriebsart nicht-invertierender Verstärker. Eine Verstärkung von etwa 2000 reicht, um die Temperatur einer Kerzenflamme mit diesem Sensor zu erfassen.

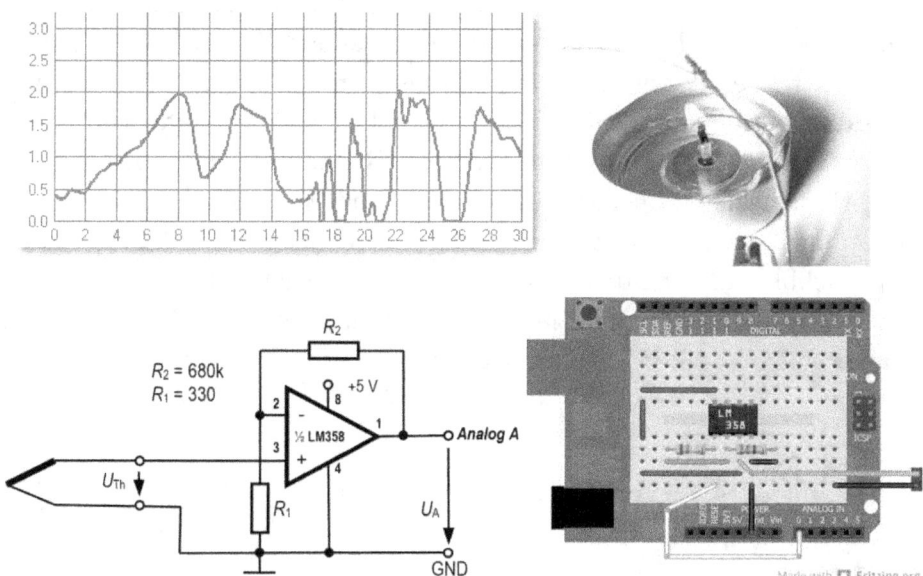

Abbildung 5-4: Einfacher Zugluft-Sensor im Eigenbau, Schaltplan und Fritzing-Skizze

Bei der Verbindung durch einfache Verdrillung kann es nach einer Weile durch Ruß- und Hitze-Einwirkung zu Kontaktproblemen kommen. Die dargestellte Kurve zeigt die Flammenbewegung am Arbeitsplatz mit Kippfenster, aber ohne Durchzug.

Heißes Wachs und offene Flamme sind als brandtechnische Gefahrenquelle nicht zu unterschätzen. Es kann zum Entzünden und zu Brandschäden kommen! Entsprechende Vorsichtsmaßnahmen sind zu beachten, wie bei der Verwendung von Teelichtern allgemein üblich.

5.3 Spannungsfolger oder Impedanzwandler

Die in diesem Buch an mehreren Stellen vorgestellten Gleichspannungssteuerungen können durch Nachschaltung eines Impedanzwandlers zur niederohmigen Gleichspannungsquelle werden, wodurch die erzeugte Ausgangsspannung nicht mehr stark zusammenbricht.

Dieser besondere Fall eines nicht-invertierenden Verstärkers liegt vor, wenn die beiden Widerstände R_1 und R_2 Extremwerte annehmen. Wird R_2 sehr klein und R_1 sehr groß ergibt sich ein Verstärkungsfaktor von 1, also keine Verstärkung. Daraus folgt der Name Spannungsfolger. Der wesentliche Nutzen dieser Schaltungsvariante ist der sich einstellende extrem hohe Eingangswiderstand und der extrem niedrige Ausganswiderstand bei gleichbleibender Spannungshöhe. Damit belastet die Schaltung ein Messobjekt nicht und gleichzeitig ist die Ausgangsspannung im Rahmen der Herstellerangaben höher belastbar.

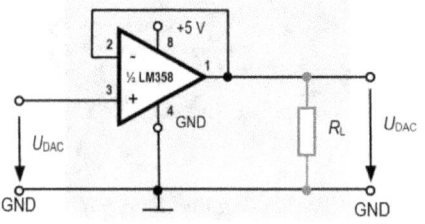

Abbildung 5-5: Spannungsfolger mit LM358

Mit dem PWM-Ausgang und dem nachgeschalteten Tiefpass aus Abschnitt 3.2.3 ist es dann möglich eine Kennlinie schreiben zu lassen. Die dortige Schaltung mit ihrem konstanten, aber wenig belastbaren Gleichspannungssignal an A1 wird dem Eingang des Spannungsfolgers an Pin 3 zugeführt. An Pin 1 des LM358 liegt dann das gleiche Signal, jedoch bricht diese Spannung nun nicht mehr ein.

Eine grüne LED ist das zu untersuchende Objekt. Die steuerbare Spannungsquelle ist nun der Ausgang obiger Schaltung mit der Eingangsspannung aus dem Tiefpass der PWM-Spannung. Daran angeschlossen ist die Reihenschaltung aus LED und 1k-Widerstand. Die Belastung bei der Kennlinienaufnahme geht dann bis über 1,5 mA. Mit dem XY-Schreiber in Stellung *Mittel* verschwindet die Restwelligkeit bei der Aufzeichnung.

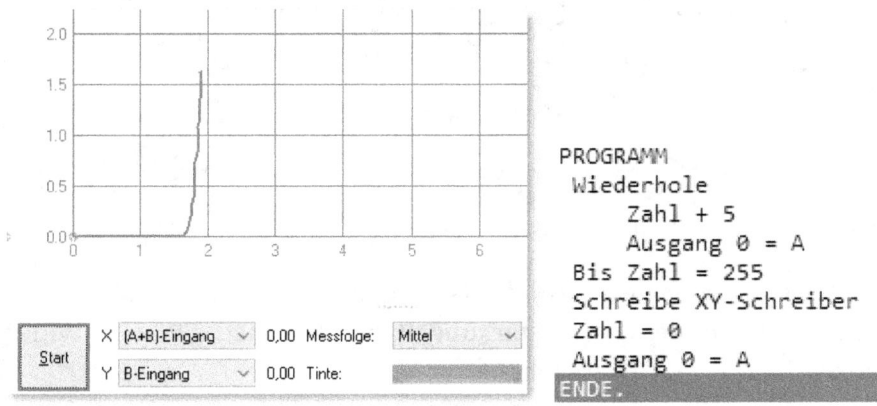

Abbildung 5-6: Kennlinie einer LED mit PWM-Ausgang aus 3.2.3

Die Kennlinienaufnahme kann nach den folgenden Schritten erfolgen.

1. X-Achsen-Darstellung: (A-B)-Eingang, Messfolge: *Mittel*
2. Schreiber manuell starten
3. Messprogramm mit F5 starten
4. Kennlinie wird geschrieben und LED leuchtet langsam
5. LED wieder aus: Messprogramm und Schreiber beendet

5.4 Invertierender Verstärker und Thermoelement

Da ein Thermoelement nur sehr geringe Spannungen liefert, sind hohe Verstärkungsfaktoren erforderlich. Ein einzelner Verstärker würde ebenfalls alle Störungen und andere Einflüsse in diesem hohen Maße weitergeben. Darum kann es sinnvoll sein die Verstärkung auf zwei gleiche Stufen zu verteilen.

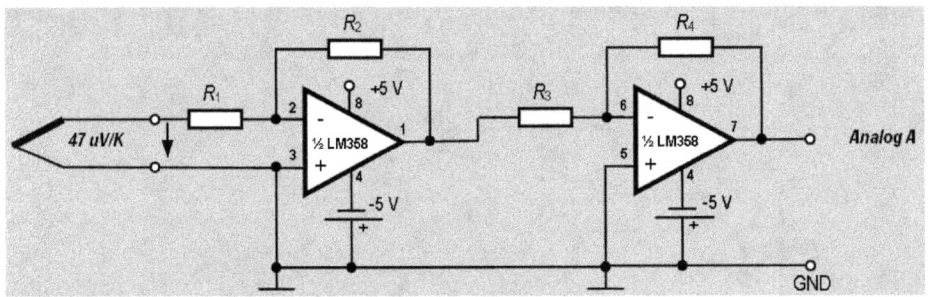

Abbildung 5-7: Zweifach invertierte Verstärkung

Dabei kann die einfachste Grundschaltung für Operationsverstärker zum Einsatz kommen, dessen Verstärkung V sich lediglich aus dem Widerstandsverhältnis R_2/R_1 berechnet.

$$V = \frac{R_2}{R_1}$$

Bei der Annahme, dass es sich um die Kombination Kupfer/Konstantan handelt, beträgt der Umrechnungsfaktor 42 µV/K. Dies bedeutet, dass die Spannungsabgabe des Sensors um nur zweiundvierzig Millionstel Volt pro Grad steigt oder sinkt. Soll am Ende der Verstärker daraus 0,1 V/K werden, so berechnet sich die Verstärkung zu 2500. Da sich Verstärkungen multiplizieren, entfällt auf jede Stufe der Faktor 50 als Ergebnis der Quadratwurzel. Dadurch reduziert sich die einzelne Verstärkung erheblich. Mit Festwiderständen wäre eine Wahl R_1 = 2,2k und R_2 = 100k mit V = 46. Für den genauen Abgleich reicht ein Stellwiderstand bzw. ein Potentiometer anstatt des Festwiderstandes für einen der vier Widerstände.

Der Einsatz invertierender Verstärker setzt eine bipolare Spannungsquelle voraus, da auch negative Spannungen auftreten. So liegt am ersten Verstärkerausgang eine um den Faktor 50 höhere, aber negative Spannung als am Eingang. Eine solche Spannung erhält man durch eine Hilfsbatterie oder eine zweite 5 Volt-Quelle, die aber nicht mit der Masse bzw. *GND* der ersten Quelle verbunden sein darf. Zwei getrennte USB-Netzteile entsprechen diesen Vorgaben, da sie galvanisch vom Netz getrennt sind. Zwei USB-Anschlüsse am selben Gerät oder Hub funktionieren nicht, können sogar zum Kurzschluss führen! Die Masse oder *GND* der zweiten Spannungsquelle wird mit Pin 4 als negative Spannung verbunden, der positive Anschluss 5 V liegt an *GND*!

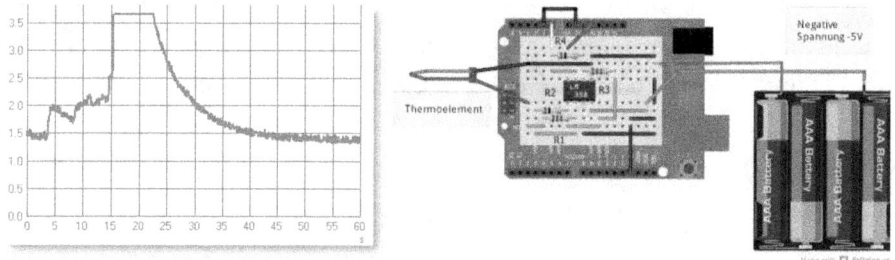

Abbildung 5-8: Thermoelement mit 2fach-Invertierung und Fritzing-Skizze

Das Diagramm zeigt zunächst eine Erwärmung durch Fingerberührung an der Messspitze, nach 15 Sekunden führt eine Feuerzeugflamme zur Übersteuerung des Verstärkers bei 3,75 Volt. Ab Sekunde 23 ist die Abkühlkurve auch wieder im Betriebsbereich der Verstärkerstufe.

5.5 Auf- und Entladekurve Kondensator

Ein Kondensator kann elektrische Ladungen speichern und abgeben. Untersucht man das Verhalten der sich einstellenden Spannung am Kondensator, so ergibt sich ein zeitlicher Verlauf, der in Form und Funktion einer Aufheizkurve entspricht. Zur praktischen Untersuchung mit *Compact* und einem kompatiblen Mess-Interface kann die folgende Schaltung dienen. Dabei fungiert der Digital-Ausgang 7 bzw. Pin A5 am Arduino als schaltbare Spannungsquelle zwischen 5 Volt und 0 Volt. Dieser Digital-Ausgang entspricht dem Bit 2^7 mit der Wertigkeit 128. Der TY-Schreiber schaltet die Digital-Ausgänge in Stellung Dauerbetrieb mit Kanal A, indem die Ausgänge hochgezählt werden. Dadurch wechselt diese Spannungsquelle zur halben Mess-Zeit den Spannungswert an der Reihenschaltung aus $R = 1\ k\Omega$ und $C = 1000\ \mu F$. Analog-Eingang A misst die Kondensatorspannung.

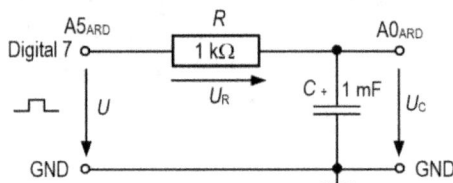

Abbildung 5-9: Aufbau zur Auf- und Entladekurve

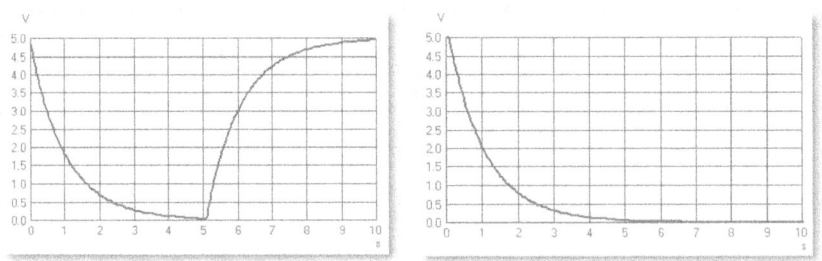

Abbildung 5-10: Aufzeichnung der Auf- und Entladekurve in Compact

Nach zweimaligem Durchlauf bei Dauerbetrieb kann dann während der Aufladung der Dauerbetrieb abgeschaltet werden, wodurch der Schreiber selbstständig stoppt.

Anschließend kann man den Dauerbetrieb bei aufgeladenem Kondensator wieder einschalten und den Schreiber starten, um danach sofort wieder den Dauerbetrieb zu deaktivieren. Der Schreiber zeichnet die Entladekurve über die Messdauer von 10 Sekunden auf, wie oben dargestellt.

Zur Auswertung mit externer Software eignet sich der Messbereich 5 Sekunden besser für die Entladung. Es ergibt sich eine Kurve, die gerade eben noch nicht die X-Achse berührt. Dadurch kann z. B. eine Tabellenkalkulation über die Trendlinie die Exponential-Funktion ermitteln.

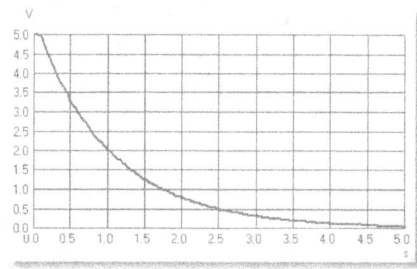 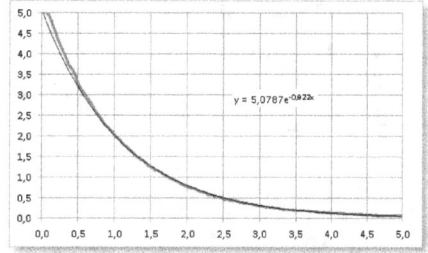

Abbildung 5-11: Entladekurve in Compact und in Excel oder Libre-Office-Calc

Über die Zwischenablage kann die Messung in einem externen Diagramm angezeigt und ausgewertet werden. Auch eine einfach-logarithmische Darstellung ist möglich, die eine erwartete Gerade zeigt. Mit der Darstellung der berechneten Funktion ergibt sich ein Produkt von $R \cdot C$ von etwa 1 Sekunde, entsprechend der Multiplikation von verwendetem Widerstand R und Kapazität C.

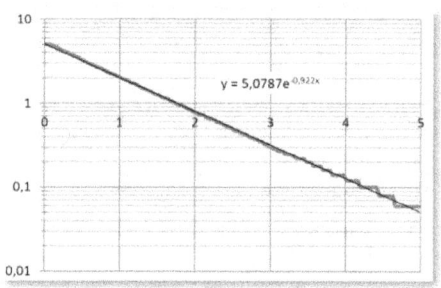

Abbildung 5-12: Entladekurve im logarithmischen Maßstab

$$u = u_o \cdot e^{-\frac{t}{RC}}$$

5.6 Fotowiderstand und Messbrücke

Ein Fotowiderstand oder LDR ist ein Halbleiter-Bauelement, welches seinen Widerstandwert verringert bei der Zunahme von Licht. Hat ein solch lichtempfindlicher Widerstand bei normalem Tageslicht einen Widerstandswert von 1 k, so fällt an ihm bei einer Reihenschaltung mit einem Festwiderstand von 1 k die Hälfte der anliegenden Spannung ab. In nebenstehenden Fall wäre dies ein U_A von 2,5 Volt. Bei Abdunkelung steigt die gemessene Spannung und verhält sich somit umgekehrt zum einfallenden Licht. Mit dieser einfachen Spannungsteiler-Anordnung lassen sich bereits einfache lichtabhängige Steuerungen realisieren. Soll nur auf Unterschiede der Helligkeit reagiert werden, so kann die Schaltung mit einem zweiten Spannungsteiler mit zwei gleichen Festwiderständen erweitert werden. Auch bei diesem Spannungsteiler ergibt sich die halbierte Spannung von 2,5 Volt, so dass im ausgeglichenen Zustand zwischen den Punkten A und B keine Spannungsdifferenz auftritt.

Lässt man sich die beiden Spannungen A und B an den beiden Analogmetern der Analog-Eingänge in *Compact* anzeigen, so entsteht die erwartete Anzeige von 128 oder 2,51 Volt und eine Helligkeitsabhängige Anzeige von 84 oder 1,65 Volt.

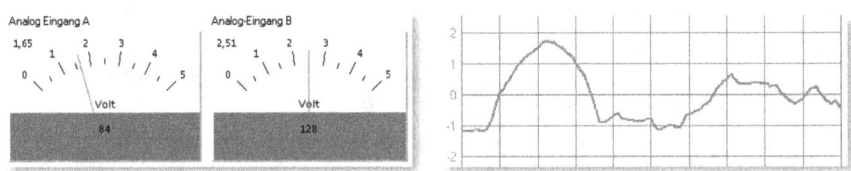

Abbildung 5-13: Zwei Spannungsteiler und die Differenzspannung

Schreibt man eine Messkurve mit dem TY-Schreiber in Stellung (B-A), so erhält man die Differenzanzeige beider Kanäle oder Analog-Eingänge.

Differenzen können sowohl positiv als auch negativ sein. Um auch negative Werte zu erhalten kann ein kleines Programm die Differenzspannung als Digitalwerte ausgeben, wodurch beispielsweise eine Steuerung mit einem Servo-Motor möglich wird. Die Ausgabe des Programms ist dann bei wechselnder Helligkeit:

```
- 50
- 46
- 9
+ 45
+ 74
+ 89
+ 92
+ 58
```

Die variable *Zahl* kennt keine negativen Werte, darum erfolgt die Ausgabe mit Hilfe einer Verzweigung.

```
PROGRAMM
 Wiederhole
       Wenn A-Eingang > B-Eingang Dann
               Zahl = A-Eingang
               Zahl - 128
               Schreibe + ZAHL
       Sonst
               Zahl = 128
               Zahl - A-Eingang
               Schreibe - ZAHL
       EndeWenn
 Bis Tastendruck
ENDE.
```

5.7 Differenzverstärker mit Brücke

Der TY-Schreiber zeichnet die Differenz zwischen den beiden Analog-Eingängen auf. Diese Subtraktion kann mit Hilfe eines Differenzverstärkers bzw. eines Subtrahierers auch in Analogtechnik erfolgen. Die Messbrücke mit LDR leitet ihre Brückenspannung an einen Differenzverstärker mit seinen zwei Eingängen weiter, der die analoge Rechenoperation übernimmt.

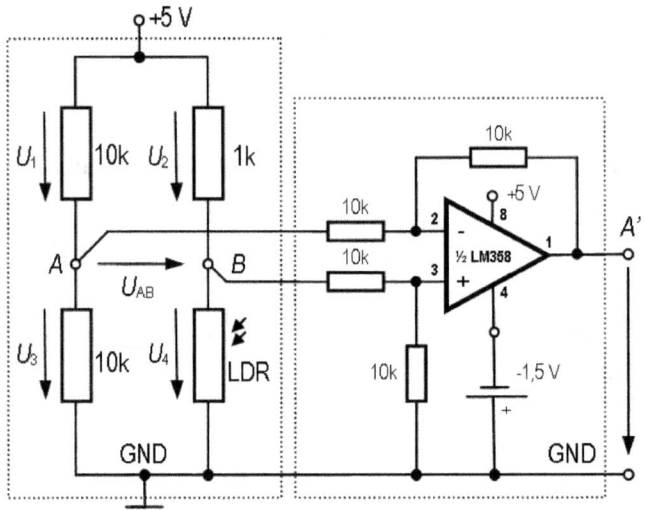

Abbildung 5-14: Messbrücke mit Differenzverstärker

Mit der Messung der Differenzspannung A' an A-Eingang und der Spannung am LDR am B-Eingang ergibt das die folgenden Zeigerausschläge.

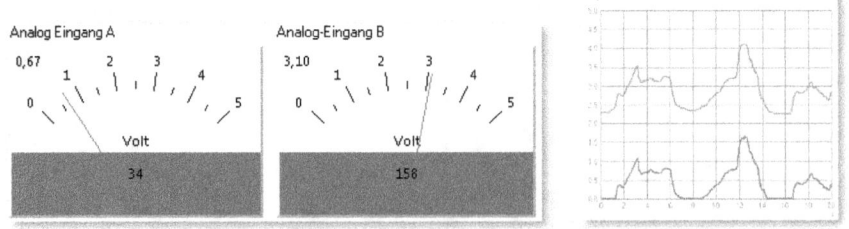

Abbildung 5-15: Messung mit und ohne Differenzverstärker

Als negative Hilfsspannung dient hier eine 1,5 Volt Batterie vom Typ AA.

5.8 Wägezelle: DMS-Messbrücke

Eine Wägezelle, die in elektronischen Waagen verwendet wird, ist hier mit vier gleichen Dehnungsmessstreifen versehen. Diese DMS sind meanderförmig aufgebaute Widerstände, die ihren Widerstandswert bei Dehnung erhöhen.

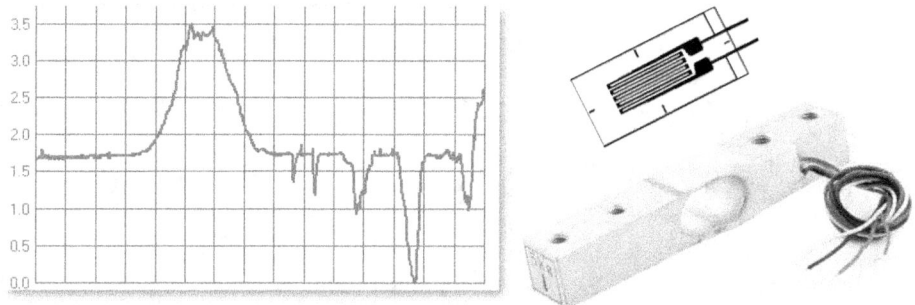

Abbildung 5-16: Manuelle Biegung des YZC-133 im TY-Schreiber von Compact

Das Wirkungsprinzip eines DMS beruht auf einer Längen- und Querschnittsänderung eines Leiters. Bei einer Zelle YZC-133 mit der Angabe 5 kg befinden sich vier solche DMS von 1k in einer Brückenschaltung und sind auf spezielle Weise auf einem Aluminiumkörper appliziert.

Die vier Anschlüsse der Messbrücke sind mit verschiedenfarbigen Drähten herausgeführt.

Rot	Spannungsversorgung +
Schwarz	Spannungsversorgung −
Grün	Brückenspannung A
Weiß	Brückenspannung B

Fasst man die DMS-Brücke als Widerstandsnetzwerk aus Parallel- und Reihenschaltung auf, so ergibt sich ein jeweiliger Gesamtwiderstand zwischen zwei Anschlüssen von 1000 oder 750 Ohm.

In einem Vorversuch ohne Verstärker zeigt ein Multimeter in mV-Bereich an den Anschlüssen Grün/Weiß eine Änderung von etwa 1 mV bei manuellem Biegeversuch, wenn an Rot/Schwarz 5 Volt anliegen. Dieses eine

Millivolt schwankt zwischen -1 und + 1 mV an den Punkten A und B als kraftproportionale Spannung, je nach Belastung. Da nicht gegen *GND* gemessen wird, kommt zur Verstärkung nur ein Differenzverstärker in Frage. Damit diese Schwankung 10fach verstärkt werden kann ist ein *V* = 10 erforderlich.

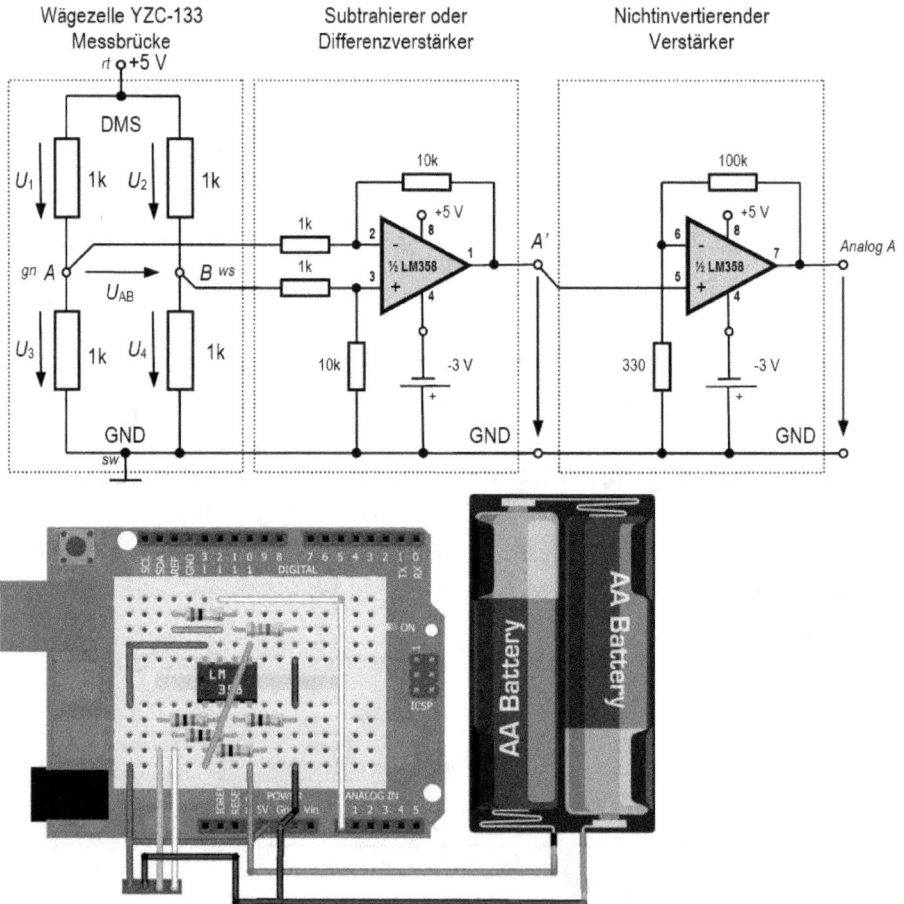

Abbildung 5-17: Einfache Verstärkerschaltung für eine Wägezelle und Fritzing-Skizze

Die Eingangswiderstände betragen 1k und die Rückkopplungen 10k. Auch hier ist das Signal noch zu schwach für *Compact* mit seiner 20 mV-Auflösung. Da ein PC-Interface nur positive Spannungen verträgt, soll die Differenz nun einem einfachen nicht-invertierenden Verstärker mit einer zusätzlichen 100fachen Verstärkung zugeführt werden. Dazu dient die zweite Hälfte im LM358.

Der Aufbau auf einem kleinen Steckbrett kann zur Herausforderung werden, auch wenn nur sechs Widerstände und ein IC mitspielen.

Insbesondere die negative Spannungsversorgung mit z. B. zwei AA-Batterien o. ä. darf nicht vergessen werden. Dieser Verstärkeranordnung zeigt das Prinzip, welches hinter der meist mitgelieferten Platine HX711 steckt. Darauf befinden sich für die Wägezelle optimierte Verstärker mit Filterschaltungen, die äußere Störungseinflüsse minimieren. Ein weiteres IC stellt das verstärkte Signal seriell als I^2C-Datum zur Verfügung für nachfolgende Mikrocontroller.

Zur Überprüfung der Messanordnung als Waage erfolgt eine Belastung mit 3 x 100 g Schokolade mit der ganzen Nuss. Der Zeitschreiber in *Compact* registriert die Spannungsänderung am Ausgang der Verstärkerschaltung bei der Entlastung mit jeweils einer Tafel. Die auftretenden Spannungen sind etwa 1,8; 2,0; 2,2; 2,4 V und somit etwa 0,2 V pro Tafel. Damit lassen sich Stückzahlen auch mit dieser einfachen Anordnung bestimmen.

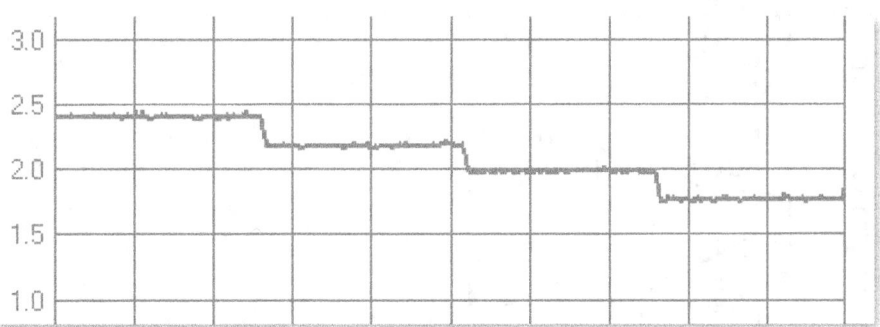

Abbildung 5-18: Entlastung der Waage um jeweils 100 g Vollnuss

5.9 A/D-Wandler mit Komparator - Leuchtband

Ein Operationsverstärker mit seinen zwei Differenzeingängen E+ und E- verstärkt die daran auftretende Spannung mit seiner Leerlaufverstärkung, die bis zu 100000 betragen kann. Liegt einer der beiden Eingänge an einer festen Spannung, so führt die kleinste Abweichung am anderen Eingang dazu, dass am Ausgang die Spannung in die positive oder negative Sättigung unterhalb der Betriebsspannung schaltet. Dadurch können einfache Vergleicher bzw. Komparatoren entstehen.

Das Komparator-Prinzip soll die Helligkeitsänderung an einem LDR digitalisieren, also diskrete Stufen ausgeben. Die Schaltung soll so funktionieren, dass die Helligkeit mit vier LED stufenweise zur Anzeige kommt. Es handelt sich um eine Quasi-Analog-Anzeige, wie sie bei Multimetern oder VU-Anzeigen zu finden ist.

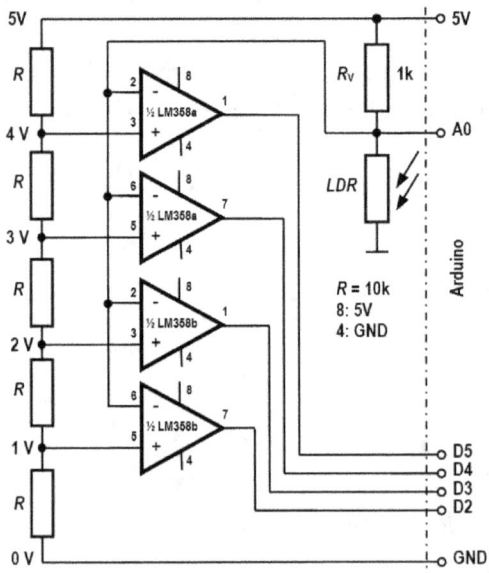

Abbildung 5-19: Leuchtband zeigt Helligkeit stufenweise digitalisiert

Die Versorgungsspannung von 5 Volt teilt sich auf 5 gleiche Widerstände auf, so dass vier Vergleichsspannungen zur Verfügung stehen. Jede Vergleicher-Stufe erhält diese Spannung an ihrem nicht-invertierenden Eingang E-. Alle anderen invertierenden Eingänge E- sind mit der Spannung am LDR verbunden, die verglichen werden soll. Die Ausgänge der Komparatoren sind mit den vier Digital-Eingängen des Mess-Interfaces verbunden und damit für *Compact* zugänglich.

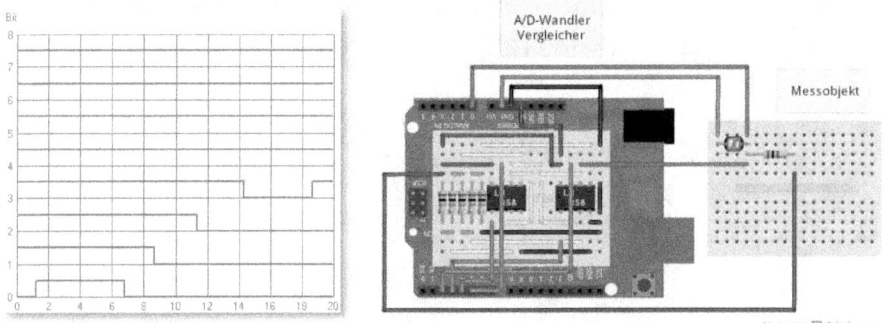

Abbildung 5-20: Leuchtband im Bit-Schreiber und als Fritzing-Skizze

Die Digitaleingänge schalten entsprechend D2 (> 1 V), D3 (> 2 V), D4 (> 3 V), D5 (> 4 V) bzw. Digital-Eingang 0,1,2,3 in *Compact* und dem Impulsdiagramm des Bit-Schreibers. Dieser zeigt in den ersten vier Bit die Zahlen 15, 7, 3, 1, 0 was einer Digitalisierung entspricht. Bei einem Arduino als Interface erscheint 255, 254, 252, 248, 240, da offene Eingänge High liefern und die Ausgänge invertiert sind.

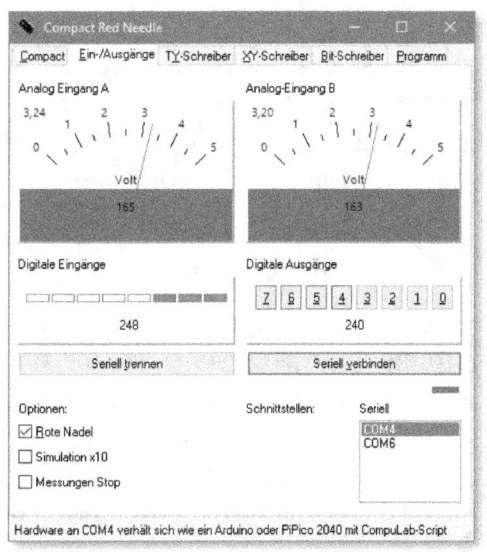

Abbildung 5-21: Compact mit LDR-Leuchtband an den Digital-Eingängen

5.10 SCHMITT-TRIGGER

Ein Schmitt-Trigger ist ein Komparator, der verschiedene Schaltschwellen aufweist. Dadurch kann eine unerwünscht hohe Schaltfrequenz bei geringen Schwankungen um den Vergleichswert vermieden werden.

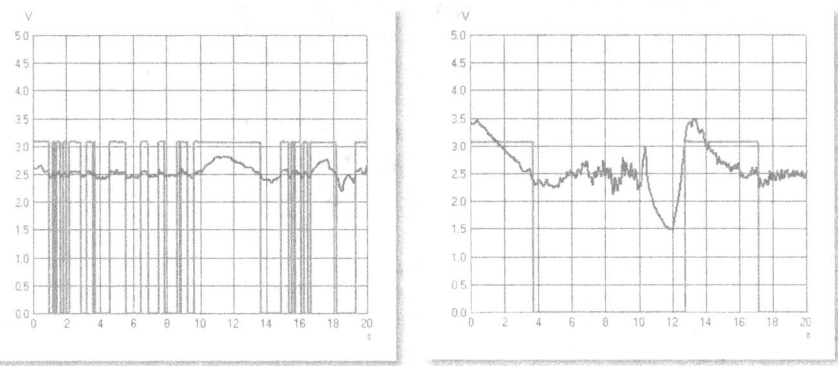

Abbildung 5-22: Komparator und Schmitt-Trigger mit ihrem Schaltverhalten

Der linke Teil von Abbildung 5-22 zeigt das Schaltverhalten eines Komparators mit identischer Schaltschwelle bei etwa 2,5 Volt, während im rechten Teil zu erkennen ist, dass Schaltschwelle zum Ausschalten bedeutend niedriger bei etwa 2,3 Volt liegt als die Schwelle von etwa 3,6 Volt an der wieder eingeschaltet wird. Das Resultat ist eine deutlich verringerte Schalthäufigkeit und damit eine geringere Beanspruchung der Schaltvorrichtung. Die Folge ist ein Bereich des Eingangssignals zwischen dem ein- oder ausgeschaltet wird. Dieser Bereich nennt sich oft Schalthysterese.

5.10.1 SCHMITT-TRIGGER NICHT-INVERTIEREND

Soll eine Vorrichtung bei Unterschreitung einer gewissen Schwelle des Eingangssignals den Ausgang ausschalten, so wird ein nicht-invertierender Schmitt-Trigger benötigt. Eine Untersuchung einer solchen Schaltung kann mit einem LDR erfolgen. Die Reihenschaltung von 1k mit LDR liegt zwischen 5 Volt und Masse. Parallel dazu ist ein weiterer Spannungsteiler mit zwei gleichen Widerständen angeordnet, so, dass quasi wieder eine

Messbrücke entsteht. Die Brückenspannung als Differenzspannung zwischen dem Referenzwert 2,5 Volt und dem aktuellen Wert erhält eine als Schmitt-Trigger aufgebaute Schaltung mit dem LM358.

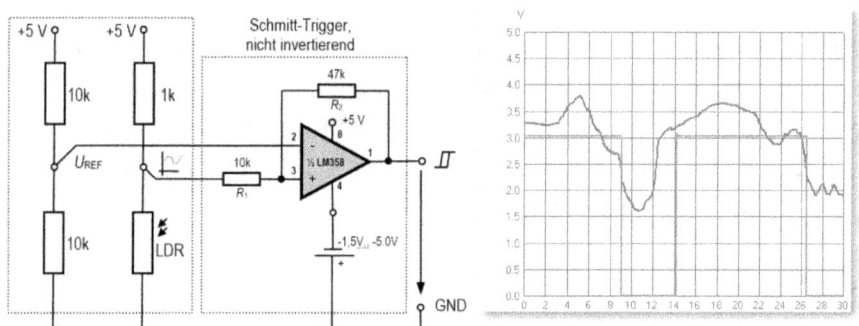

Abbildung 5-23: Schaltung des nicht-invertierenden Schmitt-Triggers für den LDR und resultierendes Schaltverhalten im Zeitschreiber von Compact

Mit einem festgelegtem Widerstandsverhältnis von $R_2/R_1 = 5$ folgt für $R_1 = 10$ k praktisch ein R_2 von 47 k. Das Diagramm zeigt die Schaltschwelle für U_{eAus} bei 2,3 Volt und die Schwelle für U_{eAn} bei 3,25 Volt.

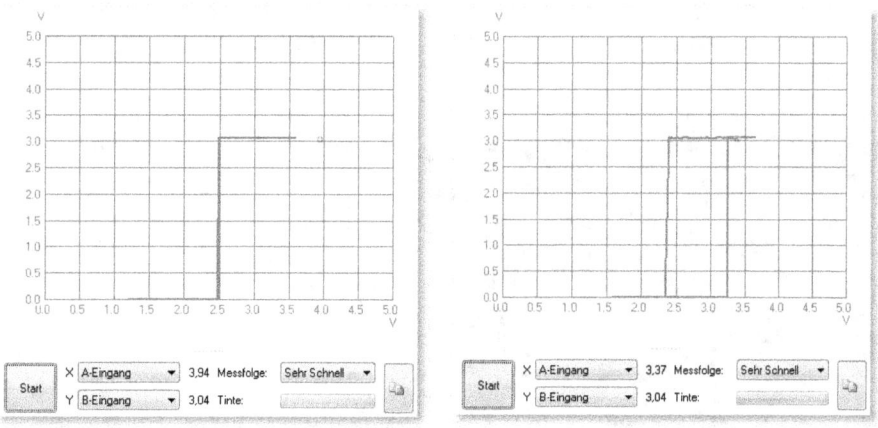

Abbildung 5-24: Hysterese von Komparator und nicht-invertierendem Schmitt-Trigger

Soll die Schalthysterese zur Anzeige kommen, so kann dies in *Compact* mit dem XY-Schreiber erfolgen. Die Abbildung zeigt das Ergebnis für den Komparator ohne Hysterese (ohne R_2) und den charakteristischen Verlauf eines nicht-invertierenden Schmitt-Triggers, wobei Analog A am LDR und Analog B am Ausgang der Schaltung angeschlossen ist. Beide Verläufe lassen sich mit Hilfe einer Taschenlampe und entsprechender Bestrahlung des LDR aufzeichnen.

Spielt die elektronische Ästhetik eine untergeordnete Rolle, so kann auf die negative Versorgungsspannung des LM358 verzichtet werden. Da nun der Ausgang nicht mehr ganz bis zu 0 Volt schalten kann, entstehen etwas abgerundete Kurven, die Schaltfunktion wird davon jedoch nicht beeinflusst.

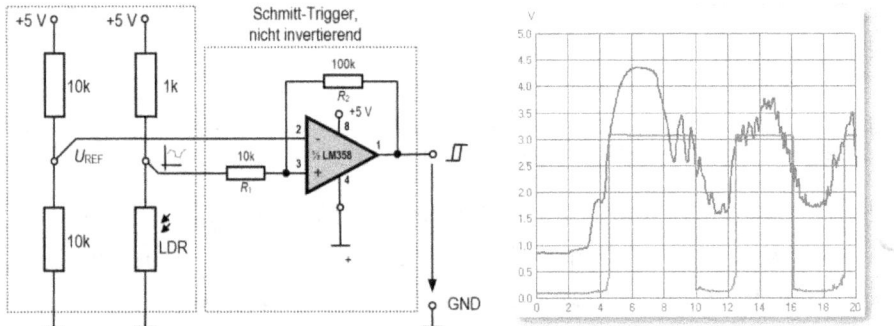

Abbildung 5-25: Unipolare Speisung LM358 mit 0V/5V: Weiterhin klare Bedingungen am Ausgang, etwas geschliffene Flanken im unteren Bereich.

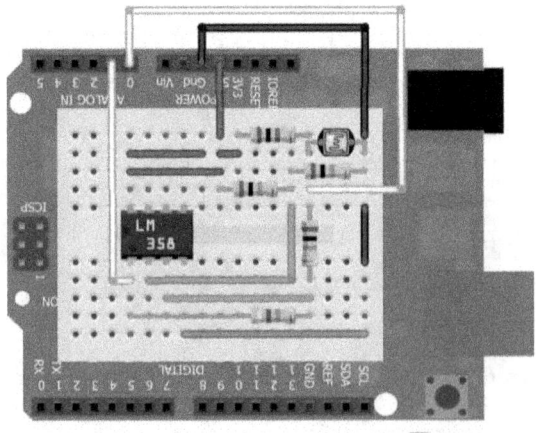

Abbildung 5-26: Nicht-invertierender Schmitt-Trigger im Fritzing-Layout

Schmitt-Trigger 119

Theoretische Schaltschwellen:

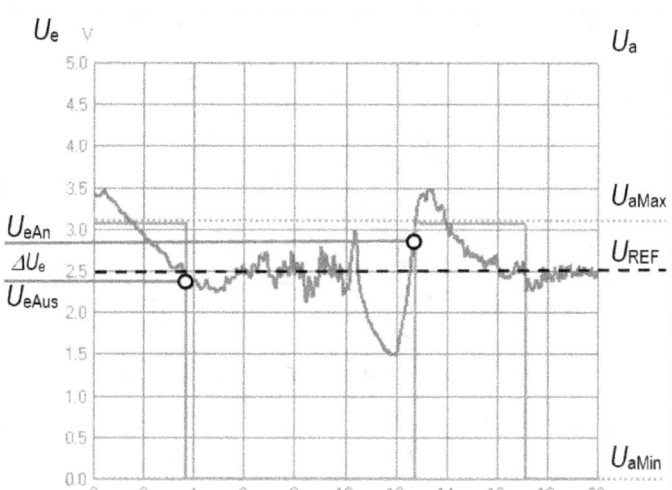

$$U_{eAn} = U_{REF} + \frac{R_1}{R_2}(U_{REF} - U_{aMin})$$

$$U_{eAus} = U_{REF} - \frac{R_1}{R_2}(U_{REF} - U_{aMax})$$

Entstehung der Gleichung für U_{eAn}:

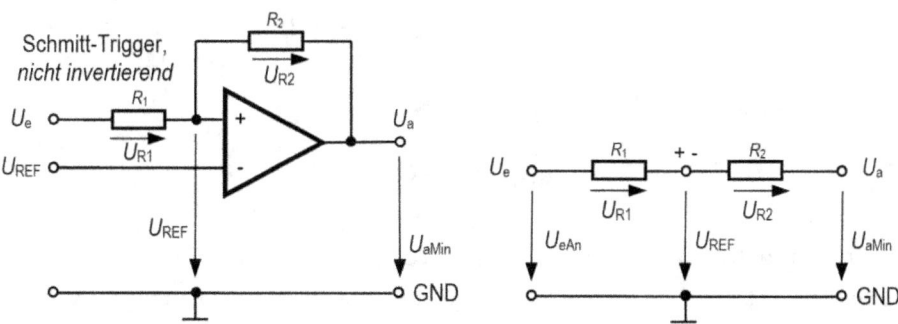

Abbildung 5-27: Schaltung und Ersatzschaltbild (ESB) für den Fall $U_e = U_{eAn}$

Zunächst sei der Schmitt-Trigger ausgeschaltet mit am Ausgang U_a die Spannung U_{aMin}. Erreicht das Eingangssignal U_e die Spannungsschwelle U_{eAn}, so liegt beim Umschaltvorgang an den beiden Eingängen des

Operationsverstärkers dieselbe Spannungshöhe in der Größe der Referenzspannung. Ein Ersatzschaltbild für diesen Zustand kommt ganz ohne Operationsverstärker aus und besteht aus der Reihenschaltung der zwei Widerstände und insgesamt fünf Spannungen. Um die Gleichung für die Schaltschwelle U_{eEin} zu erhalten entnimmt man dem ESB folgende drei Gleichungen:

ESB links: $U_{eAn} = U_{R1} + U_{REF}$ (1)
ESB rechts: $U_{REF} = U_{R2} + U_{aMin}$ (2)   oder $U_{R2} = U_{REF} - U_{aMin}$

Spannungen verhalten sich wie Widerstände, somit gilt im ESB:

$$\frac{U_{R1}}{U_{R2}} = \frac{R_1}{R_2}$$

Damit wird (3) zu

$$U_{R1} = U_{R2} \frac{R_1}{R_2}$$

(3) in (1) ergibt

$$U_{eAn} = U_{R2} \frac{R_1}{R_2} + U_{REF}$$

U_{R2} ersetzt mit (2) ergibt

$$U_{eAn} = (U_{REF} - U_{aMin}) \frac{R_1}{R_2} + U_{REF}$$

und umgeformt

$$U_{eAn} = U_{REF} + \frac{R_1}{R_2}(U_{REF} - U_{aMin})$$

Ein vereinfachter Fall tritt auf, wenn die Referenzspannung bei bipolarer Speisung mit GND bzw. 0 Volt verbunden ist. Die entsprechend kürzere Gleichung lautet dann:

$$U_{eAn} = -\frac{R_1}{R_2} U_{aMin}$$

Die in der Literatur oft dargestellte dazu gehörende Schaltung ähnelt einem invertierenden Verstärker mit vertauschten Eingängen.

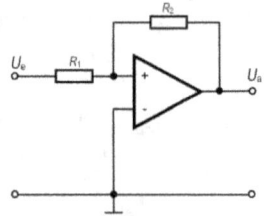

5.10.2 Schmitt-Trigger invertierend

Ein invertierender Schmitt-Trigger kehrt das Schaltverhalten um, so dass bei Überschreitung der oberen Schaltschwelle der Ausgang fast 0 Volt abgibt und bei Unterschreitung der unteren Schaltschwelle der Ausgang die maximale Ausgangsspannung abgibt. Ein Beispiel wäre eine Anlage mit geregeltem Heizkörper und Temperatursensor – ein Bügeleisen. Es reicht die Eingangsspannung und die Referenzspannung am Eingang zu vertauschen

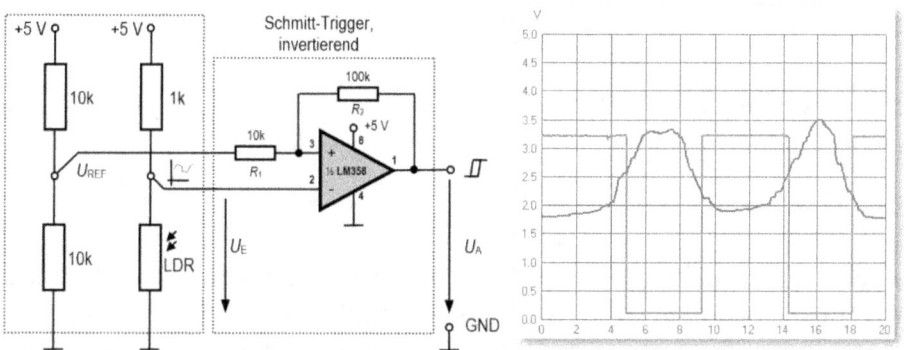

Abbildung 5-28: Invertierender Schmitt-Trigger mit Compact-Zeit-Diagramm

Eine Überprüfung des gegebenen Aufbaus mit einem Multimeter ergibt folgende Tabelle. Die Hysterese im XY-Schreiber erscheint horizontal gespiegelt.

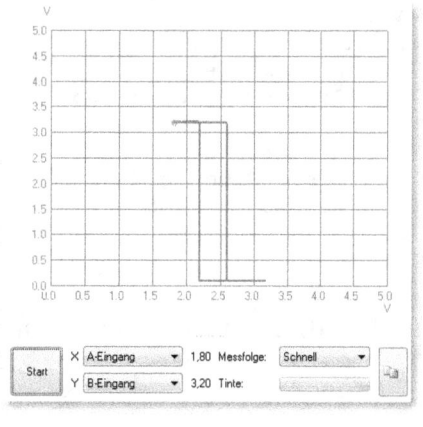

U_{aMax}	3,11 V
U_{aMin}	0,11 V
ΔU_a	3,00 V
U_{eAus}	2,60 V
U_{eAn}	2,25 V
ΔU_e	0,35 V
U_{REF}	2,50 V

Abbildung 5-29: Messtabelle und Hysterese des invertierenden Schmitt-Triggers

Anhand weiter unten erläuterter theoretischer Gleichungen lässt sich das praktische Ergebnis überprüfen. Für die Einschaltschwelle U_{eAn} gilt

$$U_{eAn} = U_{REF} - (U_{REF} - U_{aMin}) \cdot \frac{R_1}{R_1 + R_2}$$

mit dem Ergebnis 2,28 V. Für die Ausschaltschwelle des Eingangssignals U_{eAus} gilt entsprechend

$$U_{eAus} = U_{REF} + (U_{aMax} - U_{REF}) \cdot \frac{R_1}{R_1 + R_2}$$

mit als Ergebnis 2,55 V. Unter Berücksichtigung der praktischen Toleranzen liegen Praxis und Theorie sehr nah beieinander.

Ein solches Verhalten kann in der Programmierumgebung von *Compact* per Software erreicht werden. Dadurch entfällt der Operationsverstärker, denn das Programm reagiert nur auf die Höhe des A-Eingangs und schaltet bei den zwei Schwellen alle Digital-Ausgänge entsprechen an oder aus.

```
PROGRAMM
 Wiederhole
       Wiederhole
       Bis A-Eingang > 205
       Ausgänge = 0
       Wiederhole
       Bis A-Eingang < 153
       Ausgänge = 255
 Bis Tastendruck
ENDE.
```

Dies Funktioniert auch im *Compact*-Simulationsbetrieb ohne Hardware.

Theoretische Schaltschwellen:

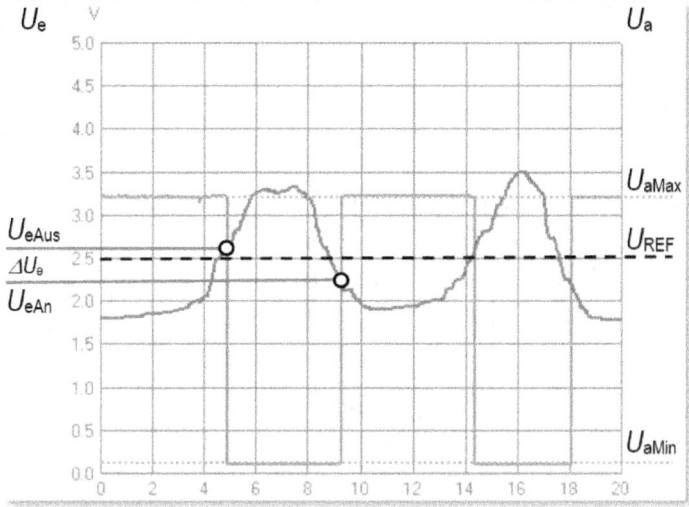

$$U_{eAn} = U_{REF} - (U_{REF} - U_{aMin}) \cdot \frac{R_1}{R_1 + R_2}$$

$$U_{eAus} = U_{REF} + (U_{aMax} - U_{REF}) \cdot \frac{R_1}{R_1 + R_2}$$

Entstehung der Gleichung für U_{eAn}:

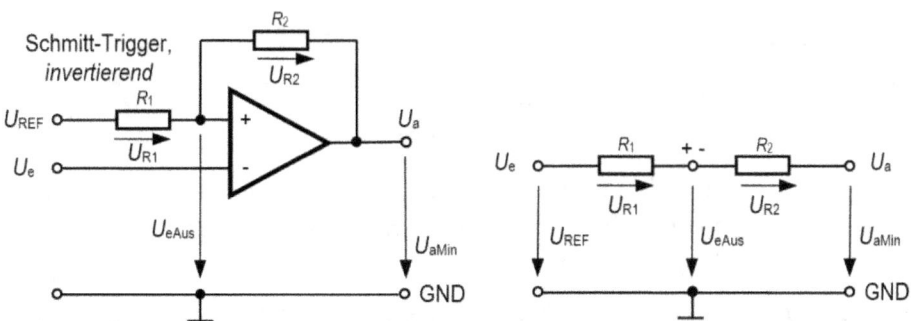

Abbildung 5-30: Schaltung und Ersatzschaltbild (ESB) für den Fall $U_e = U_{eAus}$

Erreicht das Eingangssignal U_e die Spannungsschwelle U_{eAus}, so liegt beim Umschaltvorgang an den beiden Eingängen des Operationsverstärkers dieselbe Spannungshöhe in der Größe von U_{eAus}. Ein Ersatzschaltbild für diesen Zustand kommt ganz ohne Operationsverstärker aus und besteht aus der Reihenschaltung der zwei Widerstände und insgesamt fünf Spannungen. Um die Gleichung für die Schaltschwelle U_{eAus} zu erhalten entnimmt man dem ESB folgende Gleichungen:

ESB links: $\quad U_{eAus} = U_{REF} - U_{R1}$ (1)

Spannungen verhalten sich wie Widerstände oder es fließt nur ein Strom, somit gilt im ESB:

$$I = \frac{U_{R1}}{R_1} = \frac{U_{R2}}{R_2} = \frac{U_{REF} - U_{aMin}}{R_1 + R_2}$$

und daraus

$$\frac{U_{R1}}{R_1} = \frac{U_{REF} - U_{aMin}}{R_1 + R_2}$$

und

$$U_{R1} = \frac{R_1}{R_1 + R_2}(U_{REF} - U_{aMin})$$

U_{R1} ersetzt in (1) ergibt

$$U_{eAus} = U_{REF} - \frac{R_1}{R_1 + R_2}(U_{REF} - U_{aMin})$$

und umgeformt

$$U_{eAus} = U_{REF} - (U_{REF} - U_{aMin})\frac{R_1}{R_1 + R_2}$$

Ein vereinfachter Fall tritt auf, wenn die Referenzspannung bei bipolarer Speisung mit GND bzw. 0 Volt verbunden ist. Die entsprechend kürzere Gleichung lautet dann

$U_{eAus} = U_{aMin}\frac{R_1}{R_1+R_2}$

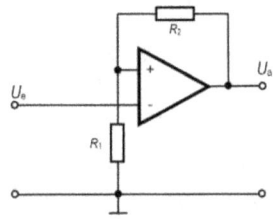

Die in der Literatur oft dargestellte dazu gehörende Schaltung ähnelt einem nicht-invertierenden Verstärker mit vertauschten Eingängen.

6 Digitaltechnik

Digitus ist der lateinische Ausdruck für Finger und damit wird auch noch heute ab und zu gezählt. Unter Digitaltechnik versteht man alle Techniken, die eine genau festgelegte Anzahl von Zeichen zulassen und alle Aussagen nur mit Kombinationen dieser Zeichen machen. Der einfachste Fall ist ein Binärsystem mit nur zwei Zeichen bzw. Zuständen wie *ja* und *nein*, *ein* und *aus*, *schwarz* und *weiß* oder *Spannung* und *keine Spannung*. Ein Dualzahlensystem benutzt im Gegensatz zum bekannten Dezimalzahlensystem, welches auf der Zahl 10 beruht, nur 2 Ziffern. Das Dualzahlensystem ist somit ein Sonderfall eines Binärsystems, weswegen die beiden Begriffe oftmals vermischt erscheinen.

6.1 Dualzahlen und Bits

Das binäre Zahlensystem mit seinen Dualzahlen stellt eine Basis der Digitaltechnik dar. Mit zwei Zuständen lassen sich alle ganzen Zahlen ausdrücken. Die 8 Bit, aus denen sich ein Byte zusammensetzt, kennen nur die logischen Zustände 1 und 0.

Bit	7	6	5	4	3	2	1	0
Potenz	2^7	2^6	2^5	2^4	2^3	2^2	2^1	2^0
Wert	128	64	32	16	8	4	2	1

Soll an den Digital-Ausgängen nur Bit 7 ganz links logisch 1 sein, so müssen die Ausgänge den Wert 128 aufweisen. In dualer Schreibweise entsteht das Muster bzw. die Schreibweise 1000000_{BIN}. Dies gilt entsprechend für die Ausgänge.

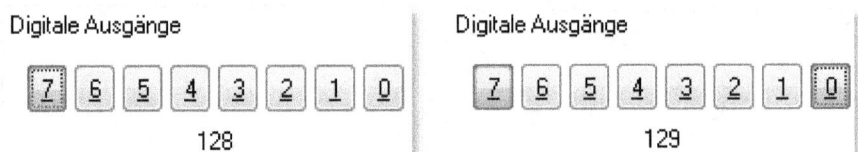

Abbildung 6-1: Dualzahlen bzw. Binärzustände an den Digital-Ausgängen

Der binäre Zahlenwert setzt sich also aus der Summe der Werte gesetzter Bits in einem Byte zusammen. Ein Bitmuster 10101010_{BIN} entspricht somit der Dezimalzahl 128 + 32 + 8 + 2 = 170.

Das Bit mit der höchsten Wertigkeit MSB ist also Bit 7, wohingegen Bit 0 das niederwertige Bit LSB darstellt. Diese Bezeichnungen treten oft im Zusammenhang mit serieller Datenübertragung auf, bei der die einzelnen Bit nacheinander übertragen werden und es entscheidend für den Empfänger ist, welches Bit zuerst eintrifft.

Dezimalzahlen mit der Basis 10 funktionieren auf die gleiche Weise, wobei 10 unterschiedliche Zustände 0 bis 9 in einer Stelle möglich sind. Die Zahl 127 berechnet sich dann zur Summe von $1 \cdot 100 + 2 \cdot 10 + 7 \cdot 1$.

Stelle	3	2	1	0
Potenz	10^3	10^2	10^1	10^0
Wert	1000	100	10	1

6.2 Logische Gatter und Funktionen

Logische Gatter sind Schaltungen, die an ihren Ein- und Ausgängen mit logischen Zuständen operieren. Sie stellen die Hardware-Basis für binäre Computer oder Mikrocontroller dar. In der Elektronik sind die Zustände 0 und 1 oder High und Low, praktisch entsprechen diese Zustände oft Spannungspegeln von 5 oder 0 Volt. Diese Pegel tragen den Namen TTL, da logische Gatter in der sogenannten Transistor-Transistor-Logik mit diesen Spannungen funktionieren. Alle logischen Funktionen lassen sich mit drei Grundgattern oder drei Verknüpfungen realisieren: *UND*, *ODER* und *NICHT*. Alle abgeleiteten Gatter wie *NAND*, *NOR* und *XOR* basieren auf diesen Grundgattern.

6.2.1 UND-Verknüpfung

Ein *UND*-Gatter besteht im einfachsten Fall aus einer Schaltung mit zwei logischen Eingängen A und B, sowie einem Ausgang C. Der Ausgang C ist nur dann *High*, wenn beide Eingänge *High* sind, sonst liegt am Ausgang eine logische 0 bzw. *Low*.

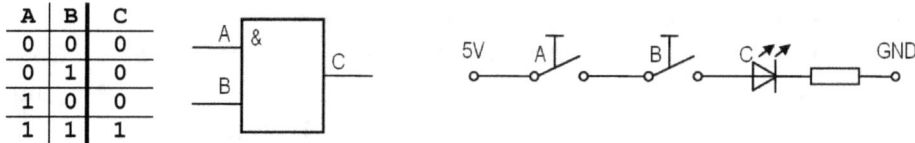

Abbildung 6-2: UND-Gatter - Wahrheitstabelle, Schaltsymbol und Ersatzschaltung

Dies ist vergleichbar mit einer Reihenschaltung von zwei Tastern und einer LED. Die Leuchtdiode ist nur an, wenn beide Taster gedrückt sind. Stellt man diese Funktion als Gleichung dar, so lautet diese $C = A \& B$ oder auch $C = A \wedge B$. Das umgekehrt V stammt aus der Digitaltechnik, während das & aus der Informatik oder der Programmierung kommt. *Compact* kennt in seinen erweiterten Funktionen diese logischen Verknüpfungen, so dass diese theoretischen Zusammenhänge praktisch überprüfbar sind.

Eine kurze Probe mit der Variablen ist

```
Zahl = 3
Zahl & 1
Schreibe Zahl
```

mit als Ergebnis eine 1 und geschrieben in vierstelliger Binärschreibweise ergibt das:

```
0011
0001 &
0001
```

Ein *UND*-Gatter mit zwei Eingängen und einem Ausgang kann in *Compact* programmiert werden. Die beiden Digital-Eingänge 0 und 1 sind dabei die Eingänge A und B, Digital-Ausgang 0 ist Ausgang C des *UND*-Gatters.

```
PROGRAMM
  Schreibe Und-Gatter: Ausgänge = Eingang0 UND Eingang1
```

```
Wiederhole
    Zahl = Eingang 0
    Zahl & Eingang 1
    Ausgänge = Zahl
Bis Tastendruck
ENDE.
```

Bei einem Arduino als Hardware bedeutet dies praktisch, dass eine LED an Pin D10 nur dann leuchtet, wenn die beiden Pins D2 und D3 offen bleiben, oder an 5 Volt liegen. Wird nur einer der beiden Eingänge mit Masse verbunden, was einer logischen 0 entspricht, beobachtet man am Ausgang eine logische 0 und eine angeschlossene LED bleibt dunkel. Hiermit lässt sich die oben angegebene Wahrheitstabelle eines *UND*-Gatters praktisch überprüfen.

Da *Compact* über einen eingebauten Logik-Analysator in Form eines *Bit-Schreibers* verfügt, lässt sich dieses logische Verhalten auch in einem sogenannten Impulsplan darstellen, der die logischen Zustände der Digital-Eingänge in Abhängigkeit der Zeit zeichnet. Hierbei ist für die folgende Darstellung Eingang 2 mit Ausgang 0 verbunden, um auch das Ergebnis zu sehen. Verzögerungen ergeben sich aus der eingestellten Befehlszeit am *Delay*-Schieber im *RUN*-Tab.

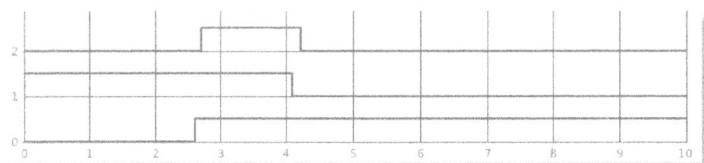

Abbildung 6-3: UND-Verknüpfung im Bit-Schreiber Bit 2 = Bit 1 & Bit 0

6.2.2 ODER-Verknüpfung

Eine *ODER*-Verknüpfung, auch *OR*, liefert dann eine logische 1 am Ausgang, wenn mindestens ein Eingang auf logisch 1 gesetzt ist, nur wenn alle Eingänge auf 0 gelegt sind ergibt auch der Ausgang diesen Logik-Pegel.

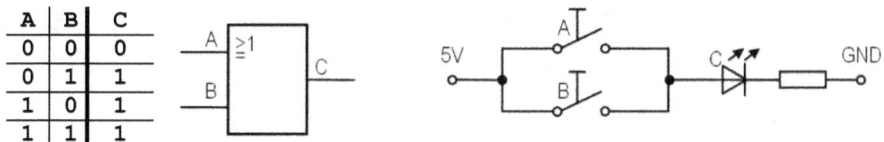

A	B	C
0	0	0
0	1	1
1	0	1
1	1	1

Abbildung 6-4: ODER

Vergleichbar ist diese Funktion mit einer Parallelschaltung mehrerer Taster an einer LED. Jeder Taster sorgt dafür, dass die LED leuchtet.

Eine kurze Probe mit der Variablen ist

```
Zahl = 3
Zahl | 5
Schreibe Zahl
```

mit als Ergebnis eine 11 und geschrieben in vierstelliger Binärschreibweise ergibt das:

```
0011
1001 &
1011
```

6.2.3 NICHT-Verknüpfung

Ein Negationsglied kehrt das logische Signal einmal um. Im englischen Sprachraum nennt sich dieser logische Funktionsbaustein *NOT*.

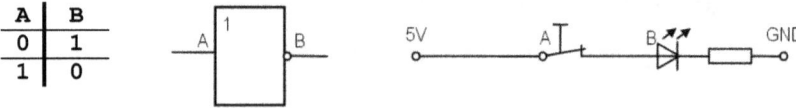

Abbildung 6-5: NICHT

Ein Taster-Äquivalent wäre ein Öffner, also ein Taster, der im Ruhezustand geschlossen ist. Bei Betätigung erlischt die LED. Eine kurze Probe mit der Variablen ist

```
Zahl = 3
Zahl ! Zahl
Schreibe Zahl
```

mit als Ergebnis eine 252 und geschrieben in achtstelliger Binärschreibweise, wegen der Breite der Variablen, ergibt das:

```
00000011 !
11111100
```

6.2.4 NAND, NOR, XOR

Einige wichtige logische Funktionen und Gatter sind Abwandlungen oder Kombinationen der drei Grundgatter.

Versieht man ein reines *UND* mit einem nachgeschaltetem *NICHT*, so entsteht ein *UND* mit negiertem Ausgang. Diese Funktion nennt sich *NAND* und liefert die entsprechende Wahrheitstabelle.

NAND

A	B	C
0	0	1
0	1	1
1	0	1
1	1	0

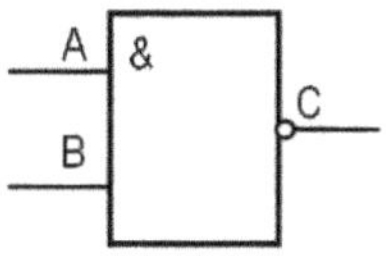

Abbildung 6-6: NAND, Wahrheitstabelle und Symbol

Ein ähnliches Gatter kennt das *ODER*. Mit nachgeschaltetem Inverter erhält man ein *NOR* mit der folgenden Wahrheitstabelle.

NOR

A	B	C
0	0	0
0	1	1
1	0	1
1	1	1

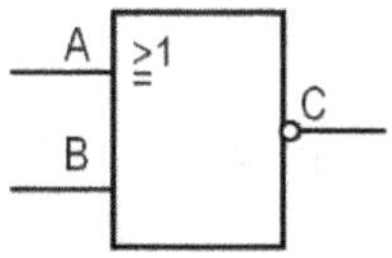

Abbildung 6-7: NOR, Wahrheitstabelle und Symbol

Diese beiden Funktionen sind nicht im Sprachumfang des Interpreters integriert, sie müssen selber zusammengesetzt werden durch ein Nachgeschaltetes NOT in Form eines Ausrufezeichens.

```
Zahl = 2
Zahl & 1
Zahl ! Zahl
```

Das Ergebnis ist 255, weil die Variable acht Bit breit ist. In binärer Schreibweise hat die Variable nacheinander folgende Bitmuster:

```
00000010
00000001 &
00000000 !
11111111
```

Eine Exklusiv-Oder-Funktion, kurz *XOR*, liefert immer dann eine logische 1 an ihrem Ausgang, wenn beide Eingänge unterschiedliche Logik-Pegel aufweisen.

XOR

A	B	C
0	0	0
0	1	1
1	0	1
1	1	0

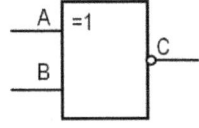

Abbildung 6-8: XOR, Wahrheitstabelle und Symbol

Die *XOR*-Funktion kann auch auf die Variable Zahl der Programmierung Anwendung finden. Als Symbol für den Operator verwendet *Compact* ein Proportionalitätszeichen.

```
Zahl = 7
Zahl ~ 2
Schreibe Zahl
```

Als Ergebnis erscheint im Ausgabefenster eine 5, weil gilt

```
0111
0010 ~
0101
```

6.3 Halbaddierer

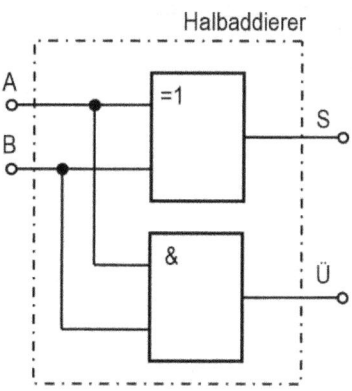

Halbaddierer

Eine logische Schaltung zur Addition von zwei Bit nennt sich Halbaddierer. Damit ist die Basis gelegt mit Hilfe logischer Verknüpfungen bzw. Gattern Computer oder Rechner zu entwerfen. Eine solche Schaltung kann mit den bis hier behandelten logischen Bausteinen entstehen. Die Wahrheitstabelle des Halbaddierers zeigt, wie gerechnet werden soll.

A + B		Summe	Übertrag
0	0	0	0
0	1	1	0
1	0	1	0
1	1	0	1

Bis Zeile drei entspricht die Summe den üblichen Vorstellungen zur Addition. In Zeile vier wird der Zahlenbereich eines Bits überschritten und die Summe fällt zurück auf 0. Ähnlich dem Dezimalsystem erfolgt ein Übertrag nur nächsthöheren Stelle. Dadurch dass es sich um die niederwertigste Stelle handelt, muss kein Übertrag einer weiteren niederwertigen Stelle Berücksichtigung finden, weshalb der Name Halbaddierer lautet. Der sogenannte Volladdierer berücksichtigt auch einen solchen Übertrag und addiert quasi drei Bit. Die Tabelle für die Summe entspricht der eines *XOR*, die des Übertrags einem einfachen *UND*. Ein Programm in *Compact* verwendet die beiden Digital-Eingänge 0 und 1 bzw. Bit 0 und Bit 1, um zwei Bit zu addieren. Das Ergebnis soll im Ausgabefenster als Text und an den Ausgängen sichtbar sein. Ausgang 0 entspricht der Summe und Ausgang 1 stellt den Übertrag dar. Mit den erweiterten Funktionen lässt sich das Problem wie folgt lösen.

```
PROGRAMM
 Neues Blatt
 Schreibe Halbaddierer mit Bit 0 und Bit 1
 Ausgänge = 0
 Zahl = Eingang 0
 Zahl ~ Eingang 1
 Schreibe Summe = Zahl
 Ausgang 0 = Zahl
```

```
 Zahl = Eingang 0
 Zahl & Eingang 1
 Schreibe Übertrag = Zahl
 Ausgang 1 = Zahl
ENDE.
```

Und in der Tat gilt hier 1 + 1 = 0.

6.4 FLIP-FLOP IN NOR ALS BIT-SPEICHER

Die kleinste digitale Speichereinheit ist ein Bit. Die technische Realisierung eines Speichers für ein Bit mit den Zuständen 0 oder 1 aus logischen Verknüpfungsgattern ist die Variante mit zwei NOR-Bausteinen. Eine solche bistabile Kippstufe hat einen Eingang zum Setzen und einen Eingang zum Rücksetzen. Sind beide Eingänge 0, so ändert sich der Inhalt nicht, der Zustand wird gespeichert. Mit der Kombination Setzen S = 1 und Rücksetzten R = 0 ist der Inhalt, der am Ausgang Q anliegt immer eine 1. Umgekehrt erscheint am Ausgang Q eine 0. Der Ausgang Q und sein invertierter Ausgang müssen laut Definition immer das entgegengesetzte Signal führen, was nicht der immer der Fall ist, wenn beide Eingänge eine 1 aufweisen. Dieser Fall ist bei diesem Flip-Flop nicht erwünscht.

Ein Schaltungsaufbau mit NOR-Gattern zeigt nachfolgende Abbildung. Zu beachten ist, dass der Reset-Eingang R oben eingezeichnet ist, wenn der Ausgang Q ebenfalls oben erscheint.

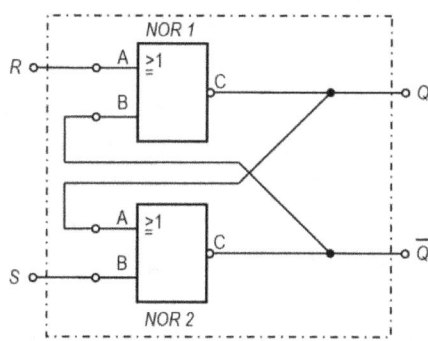

S	R	Q	
0	0	0	Speichern
0	1	0	Rücksetzen
1	0	1	Setzen

Abbildung 6-9: SR-Flip-Flop mit zwei NOR-Gattern und Wahrheitstabelle

Compact gestattet es diese Schaltung per Programm zu überprüfen. Dabei werden vier Digital-Eingänge und zwei Digital-Ausgänge verwendet. Die im Schaltbild auftretenden Verbindungen zwischen *NOR 1* und *NOR 2* müssen am PC-Interface Arduino selber gesteckt werden. Für diesen Mikrocontroller sind in der folgenden Anschlusstabelle die Pins zusätzlich angegeben. Darunter folgt das Programm.

Flip-Flop		*NOR 1*		*NOR 2*	
R	Eingang 0 D2	A	Eingang 0 D2	A	Eingang 1 D3
S	Eingang 1 D3	B	Eingang 2 D4	B	Eingang 3 D5
Q	Ausgang 0 D10	C	Ausgang 0 D10	C	Ausgang 1 D11
			Eingang 3 D5		Eingang 2 D4

PROGRAMM
```
Schreibe FLIP-FLOP mit NOR
Wiederhole
        Zahl = Eingang 0
        Zahl | Eingang 2
        Zahl ! Zahl
        Zahl & 1
        Ausgänge = Zahl
        Zahl = Eingang 1
        Zahl | Eingang 3
        Zahl ! Zahl
        Zahl & 1
        Zahl < 1
        Zahl | Ausgänge
        Ausgänge = Zahl
Bis Tastendruck
ENDE.
```

Zwei *NOR*-Gatter sind hier per Programm realisiert. Zuerst das *NOR* mit den Eingängen 0 und 2 und darunter das *NOR* mit den Eingängen 1 und 3. Wegen nur einer verfügbaren Variablen werden die Ausgänge an zwei Stellen geändert. Die letzte Ausgabe ist relevant und liefert das entsprechende Ergebnis. Der eigentliche *Q*-Ausgang an Bit 0 bzw. D10 zeigt bei angeschlossener LED stabiles Verhalten, während ein Bit bei der Zwischenausgabe bei dieser Lösung instabil wirken kann. Zu beachten ist auch, dass offene Eingänge am Arduino Pegel 1 liefern, also den unerwünschten Zustand eines *SR*-Flip-Flops. Unter Beachtung aller Rahmenbedingungen funktioniert das Flip-Flop wie erwartet und zeigt eine direkte Umsetzung fest verdrahteter Logik in einfache programmierbare Logik in *Compact Red Needle*.

6.5 Dual-Vorwärtszähler

Das Bitmuster eines vorwärtszählenden Dualzählers zeigt einige Besonderheiten. Verbindet man am Interface alle Digital-Eingänge mit den Digitalausgängen mit derselben Wertigkeit, so entsteht folgendes Muster im *Bit-Schreiber*, wenn das angegebene Programm über F5 gestartet wird und die Messdauer 10 Sekunden beträgt. Die Befehlsverzögerung *Delay* steht dabei auf Minimum.

```
PROGRAMM
 Ausgänge = 0
 Schreibe BIT-Schreiber
 Zahl = 0
 Wiederhole
      Ausgänge = Zahl
      Zahl + 1
 Bis Zahl = 0
ENDE.
```

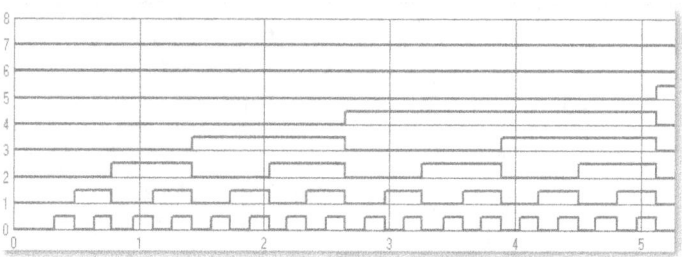

Abbildung 6-10: Dualer Vorwärtszähler für 8 Bit (Ausschnitt)

Betrachtet man nur die ersten acht Zählzustände, ergibt sich folgende Tabelle:

Dezimal	$2^2 = 4$ Bit 2	$2^1 = 2$ Bit 1	$2^0 = 1$ Bit 0
0	0	0	0
1	0	0	1
2	0	1	0
3	0	1	1
4	1	0	0
5	1	0	1
6	1	1	0
7	1	1	1

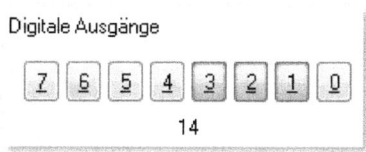

Abbildung 6-11: Vorwärtszähler in Theorie und Praxis, mit und ohne Hardware

Es ist zu erkennen, dass die niederwertigste Stelle am häufigsten wechselt. Anders ausgedrückt findet zu höheren Wertigkeiten jeweils eine Frequenzhalbierung statt, weshalb solche Zähler auch als Frequenzteiler Verwendung finden können. Die Zählweise kann auch ohne beschaltete Eingänge, sogar ohne jegliche Hardware, im *Ein- und Ausgänge*-Tab an den Ausgangs-Schaltern beobachtet werden, wenn das Programm entsprechend langsam läuft, wie in Abbildung 6-11. Mit 8 LED an den 8 Ausgängen werden die Dualzahlen hardwaregerecht angezeigt.

Ein Rückwärtszähler zählt z. B. von 255 bis 0, indem der Anfangswert sowie die Operation geändert werden. Das Bitmuster erscheint horizontal gespiegelt gegenüber dem Vorwärtszähler. Ein angeschlossener Taster könnte zwischen der Zählweise umschalten.

6.6 Rechnen und Schieben

Bei weiterer Betrachtung des Bitmusters eines Dualzählers fällt möglicherweise das folgende Muster ins Auge.

Dezimal	$2^2 = 4$ Bit 2	$2^1 = 2$ Bit 1	$2^0 = 1$ Bit 0
1	0	0	1
2	0	1	0
4	1	0	0

Bewegt sich ein gesetztes Bit nach links, so verdoppelt sich der Zahlenwert. Umgekehrt halbiert sich die Zahl, wenn ein solches Bit nach rechts geschoben wird. Eine Schiebeoperation ist also eine schnelle Multiplikation oder Division mit 2. Technisch benötigt man einen Schiebebefehl auch auf tiefster Mikroprozessor-Ebene, um z. B. bedingte Verzweigungen in Maschinensprache zu realisieren. Auch der Simulationsmodus in *Compact* lässt eine Überprüfung dieser Funktion per Programm zu. Die Ausgänge sollen ein nach links bewegtes Lauflicht erzeugen indem der Wert 1 in jedem Durchlauf um eine Stelle nach links geschoben wird.

```
PROGRAMM
 Zahl = 1
 Wiederhole
      Ausgänge = Zahl
      Zahl < 1
 Bis Durchläufe = 8
ENDE.
```

eine weitere Schleife könnte die 128 aufgreifen und wieder nach rechts schieben. Auch mehr als eine Position ist möglich, wie folgendes Programm demonstrieren soll.

```
Zahl = 1
Zahl < 7
Schreibe Zahl
```

Bei einem fehlerfreien *Compact*-Interpreter sollte eine 128 im Ausgabefenster liefern. Bit-Operationen sind dann sinnvoll, wenn andere Bits des Bytes möglichst unberührt bleiben sollen.

Möchte man wissen, ob ein Eingangsbit gesetzt ist, und möchte man nicht über Verzweigungen mit *WENN...DANN...SONST* arbeiten, so erfolgt eine solche Abfrage mit einer UND-Operation. Angenommen Bit 3 ist von Interesse, so erhält die Variable den Zustand der Eingänge mit allen 8 Bit. Die Variable wird mit dem Wert 8 UND verknüpft, entsprechend Bit 3. Das Ergebnis ergibt entweder 8 oder 0, je nach gesetztem Bit. Soll nun das Bit 3 an Ausgang 0 zu Anzeige kommen, so verschiebt man den Wert der Variablen um drei Stellen nach rechts und gibt die Variable an den Ausgängen zwecks Überprüfung aus.

```
PROGRAMM
 Zahl = Eingänge
 Zahl & 8
 Schreibe Zahl
 Zahl > 3
 Schreibe Zahl
 Ausgänge = Zahl
ENDE.
```

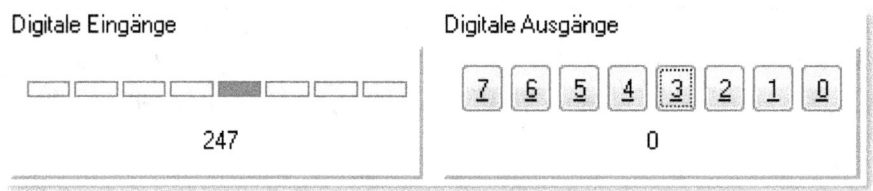

Abbildung 6-12: Bit 3-Abfrage mit Ausgabe an Bit 0

6.7 Bitweise Operation mit XOR

Soll ein Ausgangsbit unabhängig vom Zustand anderer Bits der Digital-Ausgänge geändert werden, ohne die zeilenintensive Programmverzweigung zu verwenden, kann die *XOR*-Funktion nützlich sein. Eine Exklusiv-Oder-Funktion liefert immer dann einen Wert, wenn beide Eingänge unterschiedlichen Pegel führen. Um Bit 3 mit dem Wert 8 immer wieder wechseln zu lassen, führt das folgende kurze Compact-Programm zum Ziel. Auch im Simulationsmodus ist Bit 3 der Digital-Ausgänge nach jedem Programmlauf mit *F5* umgedreht

```
PROGRAMM
  Zahl = 8
  Zahl ~ Ausgänge
  Ausgänge = Zahl
ENDE.
```

6.8 Bit-Taster-LED

Bei angeschlossener Hardware soll ein Taster eine LED so schalten, dass sie leuchtet, wenn der Taster gedrückt ist. Offene Eingänge liegen auf logisch 1, was einer gelben LED in *Compact* entspricht. Das alles soll per Programm gesteuert sein. Dieses einfache Problem löst sich ohne Programm auf einem Steckbrett mit Spannungsquelle, Taster, Vorwiderstand und LED in einer Reihenschaltung gegen Masse. Ein Programm in *Compact* benötigt Bit-Operationen und die Variable Zahl. Der wiederholte Aufruf von *Ausgänge = Eingänge* liefert nur das inverse Ergebnis, ist jedoch besonders kurz. Bei der Lösung ist zu berücksichtigen, dass die Variable Zahl 8 Bit breit ist, ein Eingang jedoch nur 1 Bit darstellt. Bit-Operationen mit der Variablen Zahl verwenden alle 8 Bit.

```
PROGRAMM
  Wiederhole
        Zahl = Eingang 0
        Zahl ! Zahl
        Zahl & 1
```

```
        Ausgang 0 = Zahl
   Bis Tastendruck
ENDE.
```

Zahl erhält den Zustand des Tasters in Form einer 0 oder einer 1, wobei eine 0 dem gerückten Zustand entspricht. Dieses inverse Eingangssignal wird in der Variablen mit dem *NOT*-Operator negiert, wodurch aus einer 00000001 eine 254 wird, was binär der Bitfolge 11111110 entspricht. Um die 0 des niederwertigen Bit von *Zahl* zu erhalten folgt eine *UND*-Operation mit 1, um dieses Bit zu isolieren. Aus dem Eingangszustand 1 ist nun eine 0 geworden, die dem Ausgang 0 zugewiesen werden kann. Ist der Taster gedrückt, gelten folgende Inhalte der Variablen:

```
00000000 - einlesen
11111111 - negieren
00000001 - Ergebnis
```

6.9 DE MORGAN

Am Ende dieses kleinen Ausflugs in die Digitaltechnik noch die de-morganschen Gesetze. Logische Schaltungen lassen sich nur mit *NAND*- oder nur mit *NOR*-Gattern aufbauen. Beide Techniken sind ineinander umwandelbar, wodurch es z. B. möglich ist ein *UND*-Gatter aus *NOR*-Gattern zu erstellen. Der Übergang kann anhand von Wahrheitstabellen verdeutlicht werden. Dafür werden zwei theoretische Gatter benötigt; ein *UND* mit negierten Eingängen und ein *ODER* mit negierten Eingängen, also Grundgatter mit jeweils vorgeschaltetem *NICHT*.

UND n. E.			ODER n. E.			NAND			NOR		
A	B	C	A	B	C	A	B	C	A	B	C
0	0	1	0	0	1	0	0	1	0	0	1
0	1	0	0	1	1	0	1	1	0	1	0
1	0	0	1	0	1	1	0	1	1	0	0
1	1	0	1	1	0	1	1	0	1	1	0

Gleiche Wahrheitstabellen bedeuten gleiche Schaltfunktion, wodurch ein *NOR* und ein *UND* mit negierten Eingängen gleichwertig sind. Somit ist ein *UND* mit negierten Eingängen und negiertem Ausgang ein *ODER*!

Entsprechend kurze und einfache Programme in *Compact* können diese Zusammenhänge auch praktisch beweisen, ohne die Notwendigkeit die Schublade mit Logik-Gattern zu öffnen.

7 Compact und erweiterte Hardware

Neben dem Arduino Uno funktioniert bei entsprechender Programmierung jeder Mikrocontroller mit *Compact Red Needle*. Sollte ein USB-Seriell-Interface fehlen, so können Adapter die seriellen Signale entsprechend wandeln. Eine einfache, aber praktische Wandlung ist die drahtlose Verbindung über Bluetooth, womit sich auch für einen Arduino neue Möglichkeiten ergeben und er wieder etwas von seiner Ungebundenheit vom PC zurückerhält. Mit dem *DigiSpark* und dem *Raspberry Pi Pico* stehen zwei extrem kostengünstige Mikrocontroller zur Verfügung, um mit *Compact* Messungen und Steuerungen durchzuführen. Für diese beiden Exemplare folgen weiter unten entsprechende Programme.

Der „Standard-Sketch" im Anhang 9.6.1 für den Arduino, den *Compact* bei der Übertragung in einen Uno R3 benutzt, kann jedoch so abgewandelt werden, sodass völlig andere Möglichkeiten entstehen. Dabei ist lediglich zu beachten, dass das Anwenderprogramm *Compact* nur mit den vorgegebenen Byte-Werten – siehe auch Anhang INI-Datei - die Verbindung aufnehmen kann mit den sich ergebenden Konsequenzen. Weiter unten soll dieses Verfahren mit einem weiteren Digital/Analog-Wandler zur Anwendung kommen. Ein anderer Sketch bindet einen Servo-Motor als Analog-Ausgang ein. Auf diese Art kann eine Bibliothek an Sketchen für spezielle Anwendungen entstehen. Durch Export der kompilierten Binärdatei reicht auch das Programm *XLoader* zur Übertragung in den Arduino, ohne die Notwendigkeit den Quelltext verfügbar zu haben. Alternativ funktioniert das auch auf einem Smartphone mit *ArduinoDroid*.

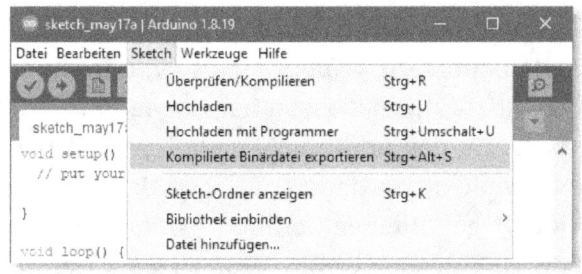

Abbildung 7-1: Binärdateien erzeugen und ohne Quelltext übertragen

7.1 Bluetooth

Abbildung 7-2: Bluetooth-Modul HC06 als kabellose serielle Schnittstelle

Mittels Bluetooth kann eine serielle Verbindung drahtlos hergestellt werden. Das sogenannte Serial-Port-Profile, kurz *BT-SPP*, gestattet den Aufbau einer emulierten seriellen Kabelverbindung über Funk zwischen zwei Geräten. Das SPP orientiert sich dabei an einer RS232-ähnlichen Kommunikation und soll somit kompatibel sein und als Kabelersatz und virtueller COM-Schnittstelle dienen. Abbildung 7-2 zeigt ein preiswertes HC-06 Modul mit gebrückten RX/TX-Leitungen. Bei gekoppeltem Modul kann auf diese einfache Art überprüft werden, ob gesendete Daten vom PC wieder drahtlos empfangen werden können, ohne Verwendung eines weiteren seriellen Geräts.

Die Einrichtung und Kopplung, aber insbesondere das Öffnen einer solchen virtuellen und drahtlosen Schnittstelle scheint unter Windows von der eingebauten BT-Hardware des PC abhängig zu sein. Die folgenden Ausführungen sind sehr ausführlich gehalten und sollten darum auch unter schwierigen Bedingungen zum Ziel führen. Um ein HC-Modul zu verwenden muss dieses zunächst mit Spannung versorgt werden. Eine blinkende LED zeigt dann Kopplungsbereitschaft.

Auf Seiten des Windows-PC gelangt man über das Start-Menü zu *Einstellungen* (Zahnradsymbol), um dann über die *Windows-Einstellungen* unter *Bluetooth- und andere Geräte* Bluetooth einzuschalten, sowie ein *Gerät hinzufügen*. Durch einen Klick auf das Additions-Symbol gelangt man zur Auswahl der Art des zu verwendenden Geräts, welches sich dann im Funkbereich suchen lässt. Mit dem gefundenen Gerät wird dann eine Verbindung hergestellt und die durch Eingabe des PIN 1234 zu einer Gerätekopplung führt.

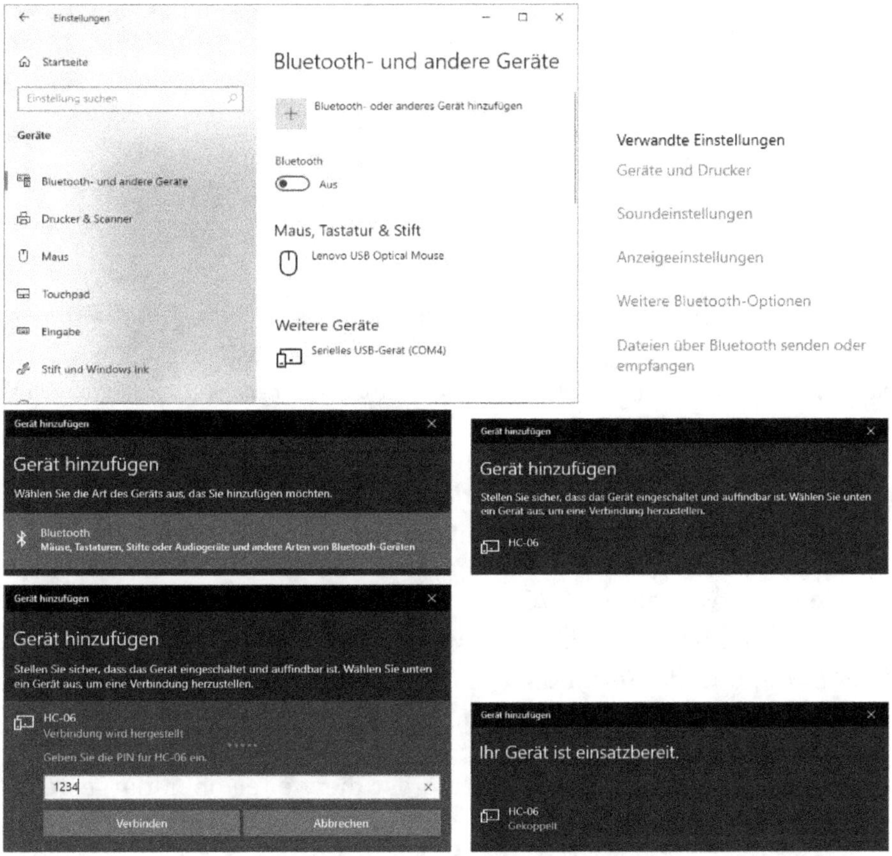

Bluetooth 147

Abbildung 7-3: Windows-Bluetooth-Einstellungen, Gerät hinzufügen und koppeln

Gegebenenfalls kann man im *Gerätemanager* (*Windows-Start-Symbol* Rechtsklick) die hinzugekommenen *Anschlüsse* bereits überprüfen. Da dort bei Erfolg zwei neue COM erscheinen, ist es empfehlenswert die *weiterten Bluetooth-Optionen* nicht zu übergehen.

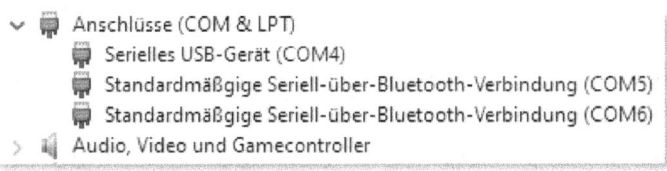

Der Eingangsdialog aus Abbildung 7-3 enthält diesen weiteren Eintrag, der je nach Bildschirmeinrichtung und Größe leicht zu übersehen ist. In den dort zugänglichen *Weiteren Bluetooth-Optionen* sind weitere Einstellungen möglich.

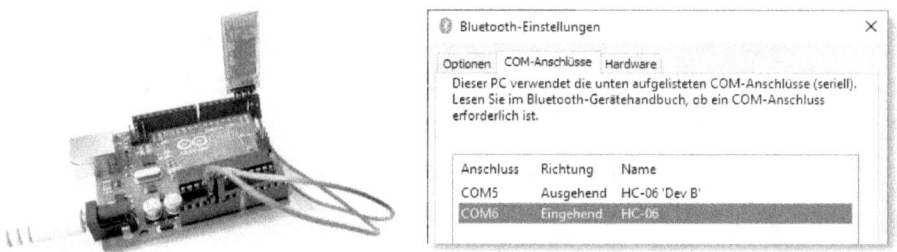

Abbildung 7-4: Arduino via HC06-Bluetooth und Löschen eingehender Verbindungen

Zur Realisierung einer virtuellen Kabelverbindung ist hier nur der erste COM5 mit der Bezeichnung *Ausgehend*, vom PC ausgesehen, relevant. Der eingehende COM6 des HC06 ist zu entfernen.

Mit einem testweisen *OPENCOM "COM5:9600,N,8,1"* im VBA-Direktbereich geht die blinkende LED des HC-06 in stetiges Leuchten über. Mit *CLOSECOM* endet die Verbindung. Ein wiederholter Versuch kann nach einer Neueinrichtung notwendig sein.

Ein weiterer Test zu dieser Verbindung ist die weiter oben dargestellte direkte Verbindung der beiden RX/TX-Leitungen am HC-Modul. Allerdings ist zu beachten, dass ein HC-06 möglicherweise an seinen Datenleitungen nur 3,3 Volt-Pegel erwartet. Entsprechende Spannungsteilung am RX-Anschluss schafft Abhilfe.

```
Sub TestHC06()
  OPENCOM "COM5:9600,N,8,1"
  SENDBYTE 33
  Debug.Print READBYTE
End Sub
```

Bei Erfolg erscheint eine 33 in Direktbereich. Damit funktioniert die drahtlose serielle Verbindung und alle Geräte mit TTL-Pegel können nun ohne USB-Serial funktionieren. Ein Aduino Uno kann so drahtlos zum Einsatz kommen. Lediglich die Energiezuführ erfolgt noch per Kabel und Powerbank.

7.2 DigiSpark

Ungeschlagen preiswert und in seiner Art einmalig kann ein *DigiSpark* mit entsprechender Software ebenfalls mit *Compact* zusammenarbeiten. Der kleinste Arduino der Welt kann dann mit zwei Analog-Eingängen und einem Digital-Ausgang aufwarten. Obwohl seine Platine als USB-Stecker in einen USB-Anschluss passt, kann die Datenübertragung bei dieser Hardware nicht zuverlässig entsprechend dem erforderlichen Protokoll mit entsprechender Geschwindigkeit stattfinden. Vielmehr findet die Verbindung mit SoftSerial statt, also über zwei GPIO-Anschlüsse. Mit Pin 2 als RX und Pin 3 als TX kann der *DigiSpark* über andere Hardware seriell Daten übertragen. Von den verbleibenden vier Pins sind Pin 4 und 5 als Analog-Eingang A und B programmiert. Pin 1 ist der einzige Ausgang als Bit 0 und schaltet gleichzeitig die eingebaute LED.

Pins	Sketch	Digispark
P0	-	D0/PWM0/AREF/MOSI/SDA
P1	Digital 0	D1/PWM1/MISO
P2	RX	D2/A1/SCK/SCL
P3	TX	D3/A3/USB+
P4	Analog A	D4/PWM4/A2/USB-
P5	Analog B	D5/A0

Hardware an COM16 verhält sich wie ein DigiSpark mit CompuLab-Script

Abbildung 7-5: DigiSpark-Platine, die Anschlüsse und die Bestätigung

Als Kommunikator kann ein FTDI-Adapter oder ein Bluetooth Modul *HC-06* dienen. Wird der *DigiSpark* mittels USB-Powerbank mit Spannung versorgt, so kann an Pin 5 V und *Gnd* ein HC06 betrieben werden, wobei seine RX-Leitung an Pin 3 und seine TX-Leitung mit Pin 2 verbunden ist. Unter Windows dauert es eine Weile bis der BT-Adapter die Verbindung aufnimmt und die LED stabil leuchtet. Dann sollte *Compact* den Simulationsmodus verlassen und die LED am *DigiSpark* sollte mit Bit 0 schaltbar sein. Der entsprechende Sketch ist im Anhang 9.6.4 angegeben.

7.3 Pi Pico mit RP2040

Der in 2021 erschienene Mikrocontroller Raspberry-Pi-Pico spielt in einer anderen Liga was Speicherplatz und Geschwindigkeit betrifft. Trotzdem wird oder wurde er mit dem einstelligen Preis von €4 beworben und verkauft. Dieser Baustein verfügt über genügend Anschlüsse, um mit *Compact* zusammenzuarbeiten. C++ und MicroPython sind die beiden Programmiersprachen der ersten Wahl für diese Hardware. Das aus [6] übernommenen Skript verhält sich Compact gegenüber so, als wäre ein *CLAB* angeschlossen und alles funktioniert wie bei einem Arduino oder *DigiSpark*. Im Anhang ist dargestellt, wie ein solches Skript einmalig in den Pi Pico übertragen wird. Darin sind auch die einzelnen Ein- und Ausgänge festgelegt. Die Abfrage DIN der Digital-Eingänge liefert den Zustand der Pins 08 bis 15, DOUT schaltet die Digital-Ausgänge an Pin 00 bis 07. Die zwei Analog-Eingänge A und B entsprechen den Anschlüssen ADC0 und ADC1 mit den Pins 31 und 32.

Abbildung 7-6: Raspberry-Pi-Pico mit RP2040 als Mess-Interface für Compact

Mit dem im Angang 9.6.5 angegebenen Python-Skript stehen zwei Analog-Eingänge, acht Digital-Eingänge und acht Digital-Ausgänge zur Verfügung, so dass *Compact* ein solches Mess-Interface vorgegaukelt wird.

7.4 MCP4725 - ANALOGER AUSGANG

Ist ein Digital/Analog-Wandlers MCP4725 vorhanden, so kann ein modifizierter Arduino-Sketch die Verwendung dieses Wandlers von *Compact* aus ermöglichen, um damit möglicherweise die Kennlinie einer roten LED zu überprüfen, entsprechend dem Aufbau in Abbildung 5-6.

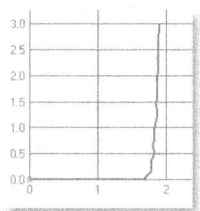

Arduino	MCP4725	Messen
5V	VCC	
GND	GND	
A4	SDA	
A5	SCL	
	OUT	0 – 5 V
	GND	Masse

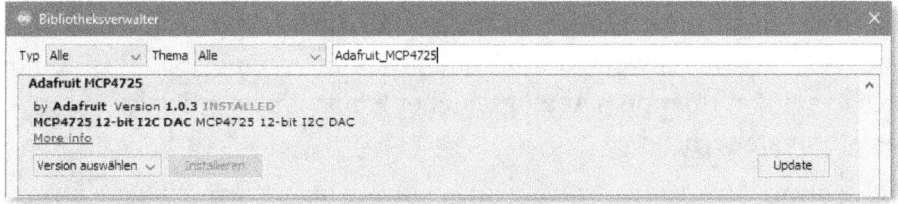

Abbildung 7-77-8: Compact steuert DA-Wandler MCP4725 zur Kennlinienaufnahme mit Funktionsbibliothek

Das von *Compact* gesendete Steuerbyte 64 muss der Sketch so verarbeiten, dass der nachfolgende Wert im Bereich 0 bis 255 den Baustein dazu veranlasst die entsprechende analoge Spannung zu erzeugen. Wie in Arduino-Kreisen üblich, erfolgt dies bequem durch Einbindung einer vorgefertigten Funktionsbibliothek mit dem Namen *Adafruit MCP4725*. Im Bibliotheksverwalter der Arduino-IDE kann eine solche Bibliothek installiert werden. Da höhere Versionsnummern meist universeller, besser und schneller arbeiten, kommt hier die sparsamere Version 1.0.3 zum Einsatz.

Der Baustein funktioniert mit 3,3 Volt oder 5 Volt, wobei der Sketch die 12-Bit-Auflösung wegen Kompatibilität auf 8 Bit herunter rechnet und somit der Maximalwert 255 jeweils der Betriebsspannung entspricht. Ohne weiter auf die Details der Ansteuerung einzugehen, sind im Anhang 9.6.2 die abweichenden Stellen vom „Standard-Sketch" lediglich unterstrichen.

7.5 Servo-Motor als Steuergerät

Eine weitere Modifikation des „Standard-Sketch" verwendet den Analog-Ausgang in *Compact* als Steuerung für einen Servo-Motor. Die Funktions-Bibliothek *Servo* gehört zum Standard der Arduino-Entwicklungsumgebung, ebenso verschiedene Beispiele unter diesem Namen. Der in *Compact* vorgesehene Digital-Ausgang 0, der beim Arduino dem Pin D10 entspricht, liefert dem Motor mit Hilfe der Bibliothek die entsprechenden Steuersignale. Dabei entsprechen die in einem Byte übertragenen Positionswerte in etwa Winkeln im Bereich 0 bis 180 °. Mit den erweiterten Befehlen von *Compact* ist auch die Programmierbarkeit gegeben, so dass zum Beispiel ein Programm zur Aufnahme einer Kennlinie den Motor bereits bewegt. Im Tab Ein-/Ausgänge und erweiterter Ansicht lässt sich der Motor bei entsprechender Verschaltung per Schieberegler manuell positionieren. Ein Digitalwert von 90 entspricht etwa einer 90°-Position, je nach Exemplar. Über dem Analogschieber kann zum Beispiel das Mausrad den Motor steuern.

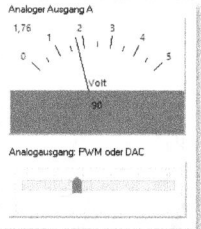

Arduino	Servo	Farbe
5V	VCC	Rot
GND	GND	Schwarz
D10	SDA	Weiss oder Orange

Abbildung 7-9: Servo-Motor als Digital/Winkel-Wandler im Bereich 0 bis 180°

Mit wenigen Zeilen lässt sich nun ein reales mechanisches Messgerät mit *Compact* umsetzen. Dabei wird der Wert des Analog-Eingangs direkt über die Variable *Zahl* mit dem erweiterten Befehl *Ausgang 0 = A* oder *Ausgang 0 = P* an den Motor weitergereicht. Ist an Eingang A bzw. A0 des Arduino ein Spannungsteiler LDR/1k angeschlossen, so reagiert der Motor entsprechend auf die Helligkeit, wie auch die analoge Anzeige von Eingang A. Auf diese Art und Weise kann man mit zwei LDR und den beiden Analog-Eingängen auf einfache Weise Nachlaufsteuerungen testen, die auf eine sich bewegende Lichtquelle reagieren.

```
PROGRAMM
 Wiederhole
     Zahl = A-Eingang
     Ausgang 0 = A
 Bis Tastendruck
ENDE.
```

Die beiden Analog-Anzeigen für Eingang A und Ausgang A bewegen sich synchron. Der entsprechende Sketch bzw. das Arduino-Programm ist in Anhang 9.6.3 angegeben und kann mit der üblichen Programmierumgebung in den Arduino übertragen werden. Auf der Homepage des Autors zum Buch finden sich eventuell fertig übersetzte Binärdateien zwecks Übertragung ohne Arduino-Entwicklungsumgebung.

7.6 Prinzip Software Module mit Arduino IDE

Durch die weite Verbreitung der Arduino-Plattform sind die meisten aktuellen Mikrocontroller mit der Arduino IDE als Programmierumgebung zu verwenden. Die in der Sprache C/C++ verfassten sogenannten Sketche lassen sich damit via USB in den Controller übertragen, so dass diese Programme dann auch ohne PC funktionieren. Jeder Controller hat seine eigenen speziellen Eigenschaften, die seine Daseinsberechtigung begründet. So kann ein Raspberry Pi Pico durch Software zum Signalgenerator werden und so den Benutzer in die Lage versetzen entsprechende Messungen zu realisieren. Soll ein solcher Controller mit *Compact* zusammenarbeiten, ist der Standardsketch entsprechend zu erweitern und zu übertragen. Auf diese Art und Weise können Software-Module entstehen, die auch ohne Quelltext dem Anwender zur Verfügung gestellt werden können, um die jeweils gewünschte Messung durchführen zu können. Dazu ist es erforderlich den Quelltext einmalig als kompilierte Binärdatei zu exportieren. Diese Datei mit einer spezifischen Endung, wie z. B. *.HEX speichert die IDE im selben Ordner wie den Quelltext, siehe Abbildung 7-1.

Zurzeit gibt es 379 eingetragene Controller, die von der IDE unterstützt werden. Die Zahl ist sicherlich nicht konstant und kann unter dem folgenden Github-Link eingesehen werden.

https://github.com/per1234/ino-hardware-package-list/blob/master/ino-hardware-package-list.tsv

Für die Übertragung der Binärdatei verwendet die Arduino-IDE auf jeder Plattform ein Werkzeug mit dem Namen *avrdude*, welches sich auch ohne IDE von der Kommandozeile aus dazu bewegen lässt eine solche kompilierte Datei ohne dem Vorhandensein der gesamten Entwicklungsumgebung und entsprechenden Funktions-Bibliotheken zum Controller hochzuladen. Das Programm *XLoader* unter Windows geht diesen Weg mit einer grafischen Oberfläche. IOs und Android bieten in ihren Stores ähnliche Lösungen an. *Compact* benutzt das vorgegebene Übertragungsprotokoll ohne *avrdude*, stellt jedoch nur den im Programm fest eingebauten Standart-Sketch für die Uno-R3-Variante bereit.

Auf der Seite des Autors zum Buch ist ein Link vorgesehen, der die drei Sketche in Quell- und Binärform bereitstellt. Dabei handelt es sich um die Module

1. Standard-Sketch, vgl. 9.6.1
2. Analog-Ausgang mit MCP4725 und Adafruit-Bibliothek, 9.6.2
3. Servo-Motor als Analogausgabe, 9.6.3

für den Arduino Uno R3.

Compact und erweiterte Hardware

8 Compact und Linux

Compact Red Needle ist die erste Version dieser Software, die auf mehreren Plattformen nativ, aus ein und demselben Quelltext, kompiliert werden kann. Neben Windows in der 32- und 64-Bit Version existieren übersetzte Binärdateinen für Linux-Computer bis hin zum Raspberry Pi Zero. Die darunter liegende Entwicklungsumgebung unterstützt bei entsprechenden Linux-Systemen ebenfalls Themes, so dass *Compact Red Needle* auch in Schwarz-Rot glänzen kann.

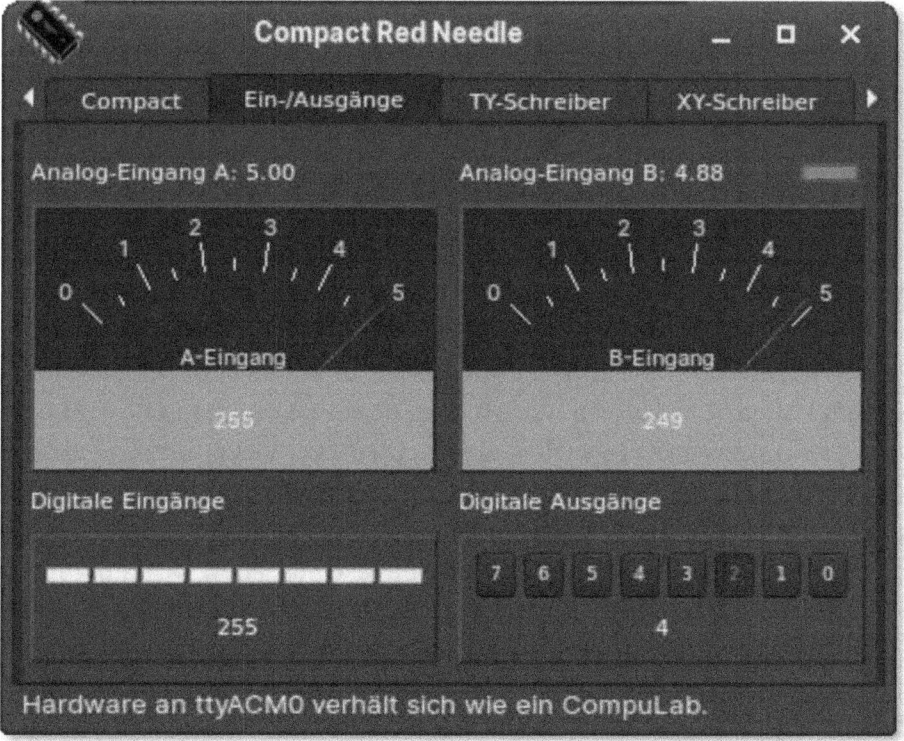

Abbildung 8-1: Dark Theme unter Linux in der Entwicklungsphase

Im Simulationsmodus können auch unter Linux sofort erste Erfahrungen und Untersuchungen stattfinden. Zum Ansprechen der Hardware in Form eines Arduino Uno ist es möglicherweise erforderlich den Zugriff auf die serielle Schnittstelle durch den Benutzer zu ermöglichen. Dazu muss einmalig die Maus über die gefundenen Verbindungen bewegt werden, damit der Hinweis für Linux-Benutzer erscheint. Falls bereits ein Arduino Verwendung fand, ist dies nicht mehr erforderlich. Bei einem Raspberry Pi Computer sollte die Schnittstelle während des Betriebes in den Einstellungen aktivierbar sein. Bei freigegeben seriellen Schnittstellen für den Besitzer sollte alles so funktionieren, wie bisher beschrieben.

8.1 Arduino oder Nicht Arduino

Ein Arduino an einem Raspberry Pi Zero zeigt die Verschmelzung zwischen Computer und Mikrocontroller. Weil die beiden in ihrer Dimension ähnlich sind, könnte man bei den vielen Anschlüssen eines Pi-Computers auf die Idee kommen, die Ein und Ausgänge des Pi direkt zu verwenden. Dies ist bisher nicht direkt vorgesehen, auch weil kein Analog/Digital-Wandler verbaut ist. Trotzdem unterscheidet sich das Verhalten von *Compact* auf diesen Rechnern stark, wenn es um die Hardware geht. Mit vier Anschlüssen können Bausteine mit I^2C-Protokoll betrieben werden. Linux erlaubt den unkomplizierten Zugriff auf dieses serielle System, so dass an einem Raspberry Pi-Computer an seinen Anschlüssen entsprechende Komponenten zum Messen und Steuern anschließbar sind und von *Compact* direkt unterstützt werden. Dadurch entfällt der zusätzliche Micro-Controller ganz und ein Arduino kann, muss aber nicht vorhanden sein. Im Wesentlichen wird bei vorhandenen I^2C-Geräten der Simulationsbetrieb außer Kraft gesetzt. Ein über USB angeschlossener Arduino mit entsprechendem Sketch hat jedoch weiterhin Vorrang. Dieses Prinzip, was es auch ermöglicht ein I^2C-LCD-Display als Programm-Ausgabe zu verwenden, konnte am Raspberry Pi Zero und auch an einem *Acer* Laptop mit der Zorin-Distribution erfolgreich getestet werden. Ein *Lenovo ThinkPad T440* verweigerte jedoch die Zusammenarbeit unter der gleichen Distribution.

8.2 I²C PRINZIP

Der I²C-Bus - Inter-IC-Bus - ist ein Bussystem aus zwei Leitungen zur Verbindung mehrerer IC. Er wird meist zum Datenaustausch zwischen den ICs innerhalb eines Geräts benutzt. Der besondere Vorteil liegt in der Verwendung von nur zwei Leitungen, einer Datenleitung SDA und einer Taktleitung SCL. Der Bus arbeitet prinzipiell nach dem Schieberegister-Prinzip, wobei Daten auf einer Datenleitung durch Taktimpulse in einen Empfängerbaustein geschoben werden. Unterschiedliche Bausteine lassen sich über eigene Adressen ebenfalls über den Bus anwählen.

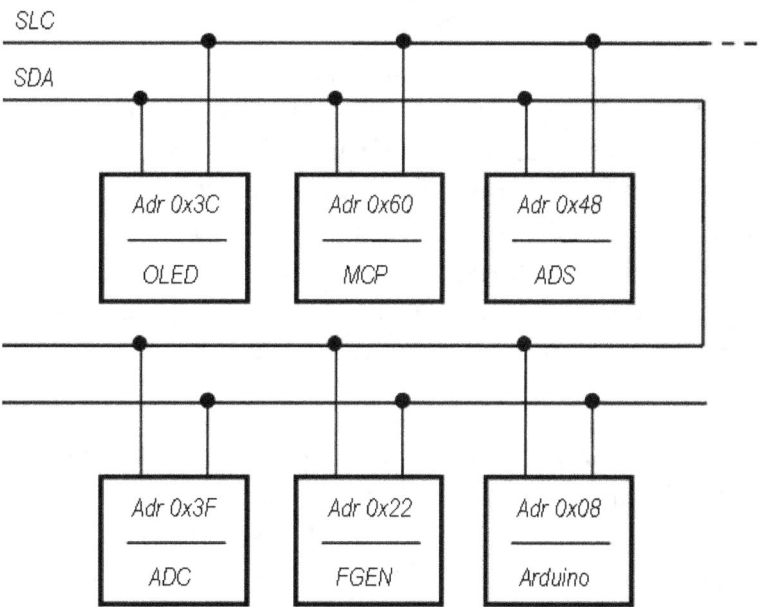

Abbildung 8-2: Mehrere I²C-Teilnehmer an einem Bus

Es gibt zahlreiche Bausteine wie Digital Ports, AD/DA-Wandler, Anzeigentreiber, Uhrenbausteine und Speicher, die das I²C-Busprotokoll beherrschen. Sie lassen sich vorteilhaft für Hardware-Erweiterungen ein-setzen. Insbesondere kann man mit einem sehr einfachen Kabel viele Bausteine verketten. Mit Masse und Betriebsspannung benötigt man nur vier Leitungen. Abbildung 8-2 zeigt ein Beispiel für den Anschluss mehrerer Bausteine. Die angegeben Adressen sind vom Hersteller festgelegt, können aber in einem gewissen Umfang variiert werden, um mehrere Bausteine eines Typs an den Bus zu legen. Die angegebenen, geraden Adressen gelten für Schreibvorgänge vom PC aus zu einem Bus-IC. Für Lesezugriffe ist zusätzlich das Bit 0 der Adresse zu setzen, also die Adresse, um Eins zu erhöhen. Üblicherweise wird ein Mikrocontroller als zentrales Steuerungselement (Master) eingesetzt, das mehrere Peripheriebausteine (Slaves) ansteuert. Hier ist jedoch auch die direkte Ansteuerung durch einen PC möglich.

8.3 I^2C-Schnittstelle Raspberry Pi und PC

Ein Raspberry Pi Computer verfügt über eine 40polige Anschlussleiste, an der verschiedene Schnittstellen vorhanden sind. Mit vier Leitungen ist ein serieller I^2C-Bus aufgebaut an den verschiedenen preiswerten Sensoren oder Aktoren angeschlossen sein können. Für *Compact* sind das Analog/Digital-Wandler und Digital/Analog-Wandler, sowie digitale Ein- und Ausgänge. Ein entsprechend bestückter Bus kann also mit wenigen Preiswerten I^2C-Komponenten ein komplettes PC-Interface darstellen. Dabei wird keinerlei weiterer Mikrocontroller benötigt. Dieses Prinzip funktioniert an der Anschlussleiste eines RPI.

Ein PC oder Laptop mit VGA-Anschlussbuchse verfügt meist auch über einen zugänglichen I^2C-Bus. Ein Monitor kommuniziert auf diesem Weg seine verschiedenen Eigenschaften mit dem Betriebssystem. Wird der Anschluss nicht verwendet, so kann unter Linux auf diesen Bus zugegriffen werden, so dass das Prinzip, welches für Raspberry Pi Computer gilt meist auch für PC mit Monitoranschluss möglich ist, wodurch extrem preiswerte Messsysteme entstehen.

8.3.1 RASPBERRY PI

Ein Raspberry Pi ist für Mess- und Steuerausgaben gut vorbereitet. Um über seine 40polige Anschlussleiste auf den I²C-Bus mit der Nummer 1 zuzugreifen, werden Pin 3 für SDA und Pin 5 für SCL verwendet. Beide Versorgungsspannungen liegen in der nächsten Umgebung und auch GND ist gleich nebenan. Pin 1 als 3,3 Volt-Anschluss und Pin 6 als GND. Falls der I²C-Bus in der Konfiguration noch ausgeschaltet ist, muss dieser vor dem Start von *Compact* zunächst aktiviert werden. Der Zugriff durch den Benutzter Pi ist dann problemlos möglich und alles Funktioniert so, wie am Linux-PC. Die I²C-Werkzeuge mit *i2cdetect* sind bei diesem Linux-System meist schon installiert und können sofort zum Einsatz kommen. Der Start von *Compact* als ausführbare Datei erfolgt mit Doppelklick, wie gewohnt.

GPIO #	Funktion	Pin BOARD	Pin BOARD	Funktion	GPIO #
	+3,3 Volt	1	2	+5 Volt	
GPIO 2	SDA1 (I²C)	3	4	+5 Volt	
GPIO 3	SCL1 (I²C)	5	6	GND	
GPIO 4	GCLK/WIRE	7	8	TXD0(UART)	GPIO 14
	GND	9	10	RXD0(UART)	GPIO 15
GPIO 17	GEN0	11	12	GEN1	GPIO 18
GPIO 27	GEN2	13	14	GND	
GPIO 22	GEN3	15	16	GEN4	GPIO 23
	+3,3 Volt	17	18	GEN5	GPIO 24
GPIO 10	MOSI(SPI)	19	20	GND	
GPIO 9	MISO(SPI)	21	22	GEN6	GPIO 25
GPIO 11	SCLK(SPI)	23	24	CE0_N(SPI)	GPIO 8
	GND	25	26	CE1_N(SPI)	GPIO 7
EEPROM	ID_SD	27	28	ID_SC	EEPROM
GPIO 5		29	30	GND	
GPIO 6		31	32		GPIO 12
GPIO 13		33	34	GND	
GPIO 19		35	36		GPIO16
GPIO 26		37	38		GPIO 20
	GND	39	40		GPIO 21

Abbildung 8-3: Anschlussleiste eines Raspberry Pi Computers mit vier I²C-Anschlüssen

8.3.2 PC unter Linux

Im Gegensatz zu Windows-Computern ist der Zugang zum I^2C-Bus unter Linux vergleichsweise einfach. In einem Terminal-Fenster oder der Konsole folgt vom Desktop zunächst die Probe auf installierte Werkzeuge. Eine Live-Version von *Zorin*[2] bootet vom USB-Stick auf einem normalerweise unter Windows laufendem Laptop. Der Benutzer nennt sich ebenfalls *zorin* und ist mit dem Internet verbunden.

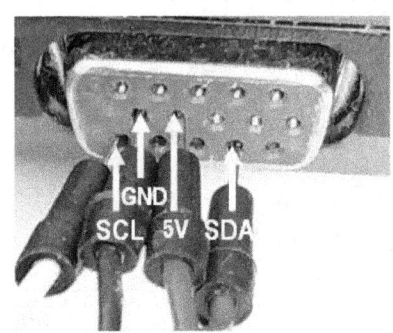

Abbildung 8-4 VGA-Buchse mit 5V, Gnd, SDA, SCL (vgl. Anhang)

```
zorin@zorin:~/Desktop$ i2cdetect

Command 'i2cdetect' not found, but can be installed with:
sudo apt install i2c-tools
zorin@zorin:~/Desktop$
```

Über das Internet lassen sich, wie angegeben mit *sudo apt install i2c-tools* die Werkzeuge zu I^2C installieren. Nach dem erneuten Aufruf *i2detect* erscheint eine Fehlermeldung mit Kurzhilfe, die aber von den Tools erzeugt wird, weil keine Bus-Nummer angegeben ist.

```
zorin@zorin:~/Desktop$ i2cdetect

Error: No i2c-bus specified!
Usage: i2cdetect [-y] [-a] [-q|-r] I2CBUS [FIRST LAST]
i2cdetect -F I2CBUS
i2cdetect -l
I2CBUS is an integer or an I2C bus name
If provided, FIRST and LAST limit the probing range.
```

Mit dem Buchstaben l als Parameter listet Linux auf dem PC die vorhandenen I^2C-Busse auf.

```
zorin@zorin:~/Desktop$ i2cdetect -l
```

---

[2] Zorin-OS-15.3-Lite-32-bit.iso auf 64bit-Acer-PC/4GB

```
i2c-3   unknown        i915 gmbus dpc         N/A
i2c-1   unknown        i915 gmbus vga         N/A
i2c-6   unknown        DPDDC-B                N/A
i2c-4   unknown        i915 gmbus dpb         N/A
i2c-2   unknown        i915 gmbus panel       N/A
i2c-0   unknown        i915 gmbus ssc         N/A
i2c-5   unknown        i915 gmbus dpd         N/A
```

Der verwendete Laptop verfügt demnach über sieben I²C-Busse, also getrennte Leitungsstränge an denen integrierte Schaltungen angeschlossen sind oder sein können. An Bus 1 liegt der VGA-Anschluss, der auch nach außen zugänglich ist. Entsprechend der Stecker-Belegung von VGA-Anschlüssen mit I²C-Unterstützung, kann dort ein externer Teilnehmer angeschlossen sein, wie etwa ein Bildschirm mit verschiedenen Auflösungen. An der ungenutzten VGA-Buchse befindet sich jetzt jedoch ein PCF8691 als Analog-Wandler, wie in er Abschnitt 8.7 erläutert ist. Er hört auf die hexadezimale Adresse 0x48, wenn mit *i2detect -y 1* alle vorhandenen Teilnehmer an Bus 1 ausliest.

```
zorin@zorin:~/Desktop$ sudo i2cdetect -y 1

     0  1  2  3  4  5  6  7  8  9  a  b  c  d  e  f
00:         -- -- -- -- -- -- -- -- -- -- -- -- --
10:  -- -- -- -- -- -- -- -- -- -- -- -- -- -- -- --
20:  -- -- -- -- -- -- -- -- -- -- -- -- -- -- -- --
30:  -- -- -- -- -- -- -- -- -- -- -- -- -- -- -- --
40:  -- -- -- -- -- -- -- -- 48 -- -- -- -- -- -- --
50:  -- -- -- -- -- -- -- -- -- -- -- -- -- -- -- --
60:  -- -- -- -- -- -- -- -- -- -- -- -- -- -- -- --
70:  -- -- -- -- -- -- -- --
```

Der neue Teilnehmer für Messaufgaben am Linux-PC antwortet und kann verwendet werden. Ein Start von *Compact* zeigt jedoch zunächst keinerlei gefundene Hardware, da der I²C-Bus nicht für den normalen Benutzer zugänglich ist. Eine von mehreren Möglichkeiten besteht darin *Compact* als Super-User aufzurufen. Dies erfolgt einfach über die Kommandozeile in Linux. Der Terminal-Emulator wird im entpackten Compact-Verzeichnis gestartet. Wenn die *Compact*-Programm-Datei ausführbar ist und den Namen *compact386* trägt, startet das Programm über die *sudo*-Anweisung und kann damit auf den Bus zugreifen.

```
$ sudo ./compact386

(compact386:22515): IBUS-WARNING **: 08:25:36.662: The owner of
/home/zorin/.config/ibus/bus is not root!
```

Linux warnt mit deutlichen Worten, da durch den unqualifizierten Zugriff auch Schaden an der Hardware entstehen kann, wenn fehlerhaft verfahren wird. Der PC ist dadurch weniger geschützt. Das weitere Vorgehen erfolgt darum auf eigene Gefahr. Der Autor übernimmt keinerlei Haftung für Schäden, die durch diese Vorgehensweise entstehen.

Unterhalb des Schriftzuges *Schnittstellen* ist der neue Teilnehmer zu erkennen und alle analogen Ein- und Ausgänge funktionieren automatisch, wenn keine klassische serielle UART-Schnittstelle über *tty* oder *rfcomm* geöffnet ist. Ein Arduino ist hier zwar angeschlossen, aber nicht verbunden. Ein Simulationsbetrieb ist nicht mehr möglich. Bei erkanntem seriellem Interface an USB-Serial reagiert *Compact* nur auf dieses Gerät. Im Prinzip ersetzt der I²C-Betrieb den Simulationsbetrieb.

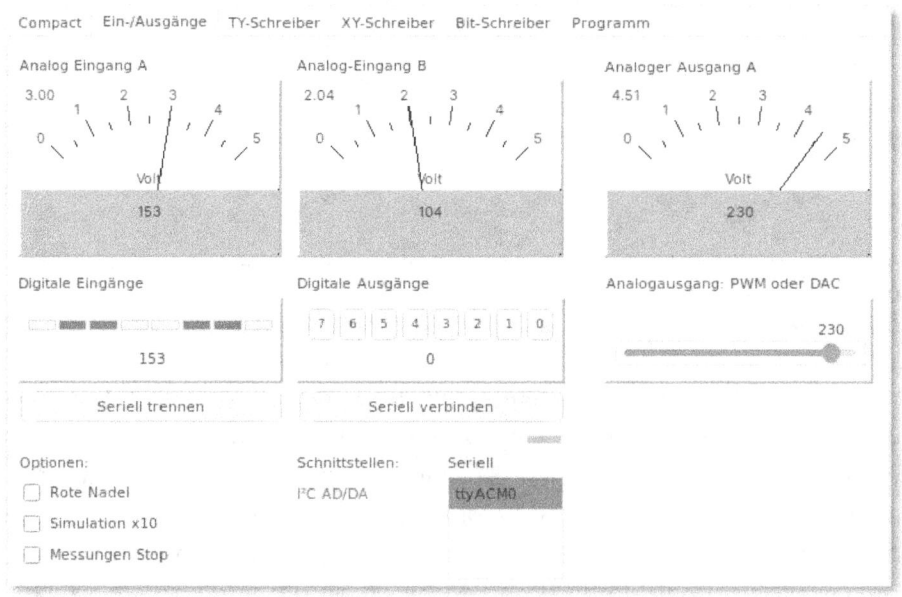

Abbildung 8-5: PCF8691 übernimmt analoge Ein- und Ausgaben.

Compact zeigt an *Eingang A* den Wandler-Eingang, der gebrückt am Potentiometer angeschlossen ist, *Eingang B* liefert die Werte am Spannungsteiler mit LDR. Die rote Nadel bleibt aus, da sie nur bei Interfaces vom seriellen Anschluss automatisch eingeschaltet wird. I²C überlagert lediglich den Simulationsmodus.

8.4 I²C-Komponenten

Die von *Compact Red Needle* unterstützen Komponenten am I²C-Bus sind im Programm fest vorgegeben, lediglich ihre Adressen lassen sich in einer Konfigurations-Datei (vgl. Anhang) anpassen. Die Auswahl berücksichtigt Verfügbarkeit, Preis und Konsistenz zum Prinzip PC-Interface mit Compact. Im Einzelnen sind das

- Ein 8 Bit Port für digitale Eingänge
- Ein 8 Bit Port für digitale Ausgänge
- Zwei analoge Eingänge mit 8 Bit Auflösung
- Ein analoger Ausgang mit 8 Bit Auflösung

Ein weiterer Teilnehmer wird als LCD-Display berücksichtigt. Sowohl das Display als auch die digitalen Ports für Eingang und Ausgang steuert jeweils ein PCF8574 mit unterschiedlicher Adresse am selben Bus, so dass bis zu drei solcher Bausteine aktiv sein können.

Als analoge Eingänge unterstützt das Programm einen PCF8591 mit seinen Eingängen Ain0 und Ain3 nach Abbildung 8-9, oder einen ADS1115 mit den Eingängen A0 und A1 in 8 Bit-Auflösungen. Als besonderer Sensor wird ein BH1750 erkannt der seine Lux-Werte an die analogen Eingänge weiterleitet. Sind mehrere analoge Signale verfügbar, kommt jedoch nur ein Signal zur Anzeige bzw. findet Berücksichtigung. Die Reihenfolge ist:

1. Serielles Interface über USB-Serial oder Bluetooth
2. PCF8591 als I²C-Teilnehmer
3. BH1750 als I²C-Teilnehmer
4. ASD1115 als I²C-Teilnehmer
5. Simulation

Der Analoge Ausgang kann ein PCF8591, oder ein MCP4725 sein, wobei ein PCF zuerst berücksichtigt wird. Beide liefern unter *Compact* eine Auflösung von acht Bit.

Die einzelnen Adressen der Busteilnehmer sind in der Konfigurationsdatei *compact.ini* einseh- und änderbar.

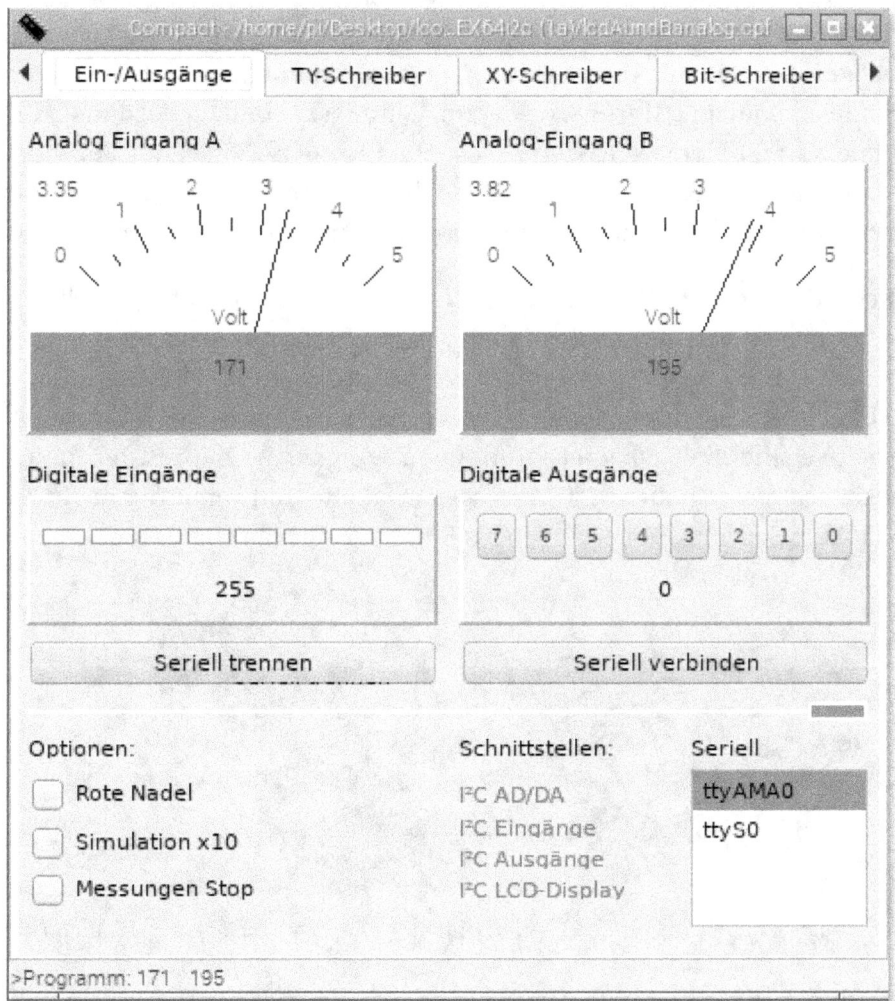

Abbildung 8-6: Erkannte I²C-Teinehmer am Raspberry Pi 2 Zero

Die Nadel bleibt schwarz, da I²C als Ersatz der Simulation fungiert.

8.5 PCF8574: EIN- UND AUSGÄNGE

Ein besonders einfacher, bis heute oft eingesetzter I^{2}C-Baustein ist ein PCF8574. Er stellt einen bidirektionalen 8-Bit Port bereit. Man kann alle hochgesetzten Leitungen als Eingänge mit hochohmigen Pull-Up-Widerständen benutzen. Heruntergesetzte Leitungen sind niederohmig und können direkt kleinere Lasten bis ca. 10 mA, wie z. B. LED mit Vorwiderständen gegen +5 V treiben. Aber auch Relais mit Steuerelektronik auf Breakouts, wie Abbildung 3-3, funktionieren mit diesem Baustein.

Auch I^{2}C-Adapter für LCD-Anzeigen benutzen diesen Baustein, um die vielen parallelen Anschlüsse des Displays auf zwei Leitungen zu reduzieren. Leider liegt bei dieser speziellen Anwendung des PCF8574 Portleitung P3 fest auf Masse, so dass das Bit 2^3 abgängig ist. Eine andere preiswerte Alternative sind die kaskadierbaren Ausführungen, die mittels der Jumper bis zu acht verschiedene I^{2}C-Adressen erlauben und somit durch Hintereinanderschaltung 64 Leitungen als Ein- oder Ausgang anbieten.

Abbildung 8-7: PCF8574 als LCD-Display-Adapter und kaskadierbares 8 x 8 Modul

Die Adresse des LCD-Adapters ist auf 0x27 (Hex) voreingestellt, was binär der siebenstelligen Zahl *0100* 111 entspricht. Die linken vier Bit der Adresse sind festgelegt und haben bei einem PCF8574 immer den Wert 0100, bei einem PCF8574A immer 0111. Die drei folgenden Bits lassen sich auf dem Modul oder direkt am IC an den Anschlüssen A2 bis A0 einstellen, um bis zu 8 solcher Bausteine mit derselben Bezeichnung an einem Bus zu betreiben. Bei dem hier verwendeten LCD-Adapter liegen diese Anschlüsse als Voreinstellung auf 1, wodurch in diesem Fall die Adresse 0x27 (Hex) oder 39 (Dez), bzw. 010 0111 (Bin) lautet.

Wir dieser Baustein mit der entsprechend festgelegten Adresse am I²C-Bus entdeckt und sind keine anderen seriellen Schnittstellen aktiv, so benutzt *Compact Red Needle* diese I/O-Bausteine für die digitalen Eingänge und die digitalen Ausgänge. Eine entsprechende Anzeige unterhalb des Schriftzuges Schnittstellen im Startbildschirm zeigt die erkannte Komponente zusätzlich an. Um eine LED an den Ausgängen zu betreiben diese über einen Vorwiderstand von etwa 330 Ohm zwischen Ausgang und Vcc angeschlossen sein. Bei einer logischen Null an diesem Ausgang leuchtet die LED dann entsprechend mit voller Helligkeit.

8.6 PCF8574: Schreibe auf LCD

Findet *Compact* am I²C-Bus eine LCD-Anzeige, wie in Abbildung 8-8 mit der Bus-Adresse 0x27, so erscheinen die Ausgaben des Schreibe-Befehls zusätzlich in der zweiten Zeile des angeschlossenen Displays. Dadurch wäre ein Raspberry Pi Zero Computer mit LCD-Anzeige ein minimales autarkes Messsystem mit *Compact Red Needle*, was sich ausgezeichnet für einfach zu konfigurierende Langzeitmessungen mit Log-Dateien auf USB-Datenträgern eignet. Ist das Display beim Start der Anwendung angeschlossen, folgt eine Begrüßung.

Abbildung 8-8: Begrüßung bei vorhandenem I²C-LCD-Display unter Linux

Folgende Befehle haben Einfluss auf diese Anzeige.

Neues Blatt	Anzeige löschen
Schreibe	Ausgaben in Zeile 2
Schreibe LCD	Ausgabe in Zeile 1 als Überschrift

Zu Programmstart schaltet sich die Hintergrundbeleuchtung an und leuchtet bis das Programm beendet wird. Ein kurzer Test zeigt die Möglichkeiten; er endet bei gedrückter *Strg*-Taste.

```
PROGRAMM
  Neues Blatt
  Schreibe LCD Zeile 1
  Wiederhole
       Schreibe Durchläufe
  Bis Tastendruck
ENDE.
```

An einem Raspberry Pi Zero mit einer solchen Anzeige kann durch ein geeignetes *Compact*-Programm sogar eine Art Menü-Führung entstehen, ohne dass weitere angeschlossenen Bildschirme erforderlich sind.

8.7 PCF8591: Analog-Wandler

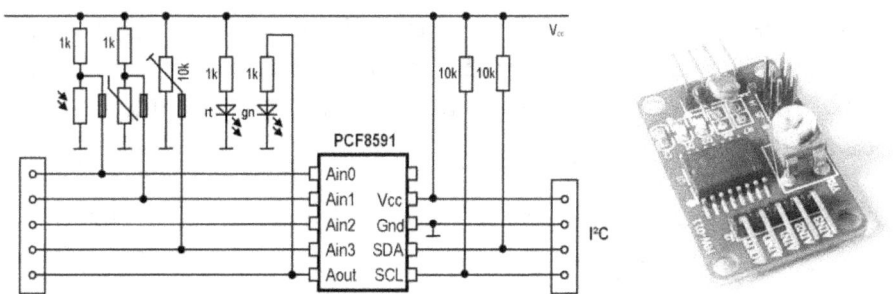

Abbildung 8-9: PCF8591-Breakout und Schaltplan (schematisch)

Der PCF8591-Baustein vereinigt alle wichtigen Komponenten für ein einfaches PC-Interface. Mit vier Analog-Eingängen und einem Analog-Ausgang lassen sich vielerlei Messaufgaben lösen. Die Auflösung von 8 Bit passt zu genau zum Prinzip von *Compact* mit entsprechenden 256 Abstufungen des analogen Signals.

Zur Zeit der Niederschrift gibt es sehr preiswerte Platinen, sogenannte Breakouts, die weitere elektronische Bauteile enthalten. Weit verbreitet ist das hier dargestellte Exemplar mit LDR, Varistor, Potentiometer und zwei LED. Der LDR ist ein lichtempfindlicher Widerstand, der bei gebrückter Leitung mit einem 1k-Widerstand einen Spannungsteiler bildet. Dabei verhält sich die Spannung, die dem Analogeingang A0 zugeführt wird, umgekehrt zur Helligkeit. Der Varistor ist ebenfalls mit einem Vorwiderstand versehen, damit eine entsprechende Spannung am Eingang A1 auftreten kann. Der einstellbare 10k-Widerstand greift Spannungen zwischen *Vcc* und *Gnd* mit seinem Schleifer für Eingang A3 ab. Eingang A2 ist offen. Bei entfernten Brücken sind alle vier Eingänge unbeschaltet und damit frei verfügbar. Der Analogausgang ist mit einem Vorwiderstand von 1k über eine grüne LED mit *Gnd* verbunden. Da diese Anordnung fest vorgegeben ist unterliegt die Ausgangsspannung an *Aout* einer gewissen Belastung, so dass nicht die volle Betriebsspannung erreichbar ist. Für Testzwecke ist es jedoch hilfreich die Helligkeit der grünen LED bei der Steuerung des Digital/Analog-Wandlers DAC zu beobachten. Die dargestellte Schaltung reagiert auf die I²C-Adresse 0x48 und sieht keine andere Konfiguration vor. Wird dieser Baustein am I²C-Bus entdeckt und sind keine anderen seriellen Schnittstellen aktiv, so benutzt *Compact Red Needle* diese Konfiguration für die beiden analogen Eingänge A (*Ain0*) und B (*Ain3*), sowie den analogen Ausgang *Aout*. Eine entsprechende Anzeige unterhalb des Schriftzuges Schnittstellen im Startbildschirm zeigt die erkannte Komponente zusätzlich an.

8.7.1 *Poti steuert LED*

Mit einem kurzen Programm kann die PCF8591-Platine als Helligkeitsregler mit manueller Steuerung fungieren. Das Potentiometer stellt dabei die Helligkeit der grünen LED am Analog-Ausgang ein. In der Grundkonfiguration entspricht *Analog-Eingang A* bei *Compact* dem Schleifer des Potentiometers. Bei der hier verwendeten Platine ändert sich die allerdings die abgegriffene Spannung zu kleineren Werten, wenn das Poti nach rechts gedreht wird. Aus diesem Grund muss ein Programm dieses Verhalten umdrehen, damit die LED bei Rechtsdrehen heller wird.

```
PROGRAMM
 Schreibe PCF8591 Poti steuert LED
 Wiederhole
       Zahl = 255
       Zahl - A-Eingang
       Ausgang 0 = A
 Bis Tastendruck
ENDE.
```

Um dies zu erreichen erhält die Variable Zahl den Wert 255, um davon dann im nächsten Schritt den Wert des Potentiometers am A-Eingang zu subtrahieren. Dies kehrt das Drehverhalten wie gewünscht um. Die folgende Zeile gehört zu den erweiterten Befehlen, die den Wert der Variable *Zahl* an den Analog-Ausgang sendet. An einem Arduino ist das Ausgang 0 mit seinem PWM-Signal. Ist ein PCF8591 aktiv, so sendet *Compact* den Wert an den Digital/Analog-Wandler dieses IC, dessen Ausgang über einen Widerstand mit einer grünen LED verbunden ist.

8.7.2 LDR STEUERT LED

Wie das Potentiometer kann auch mit dem LDR auf der PCF8591-Platine die Helligkeit der grünen LED gesteuert werden. Analog-Eingang B liefert die Spannung am LDR, die sich umgekehrt proportional zum einfallenden Licht verhält. Soll die LED bei zunehmender Helligkeit dunkler werden, so muss dieser Spannungswert lediglich dem Digital/Analog-Wandler weiter gereicht werden. Das entsprechende Programm ist daher eher kurz.

```
PROGRAMM
  Schreibe PCF8591 LDR steuert LED
  Wiederhole
        Zahl = A-Eingang
        Ausgang 0 = A
  Bis Tastendruck
ENDE.
```

Die Zeile *Ausgang 0 = A* gehört zu den erweiterten Befehlen, die den Wert der Variable *Zahl* an den Analog-Ausgang sendet. Ist ein PCF8591 aktiv, so sendet *Compact* den Wert an den Digital/Analog-Wandler dieses IC, dessen Ausgang über einen Widerstand mit einer grünen LED verbunden ist. Soll sich die LED mit ihrer Helligkeit umgekehrt verhalten, so muss vorher die *Zahl* den Wert 255 erhalten, um danach der A-Eingang davon zu subtrahieren, wie das schon beim Potentiometer praktiziert wurde.

8.7.3 ENTLADEKURVE

Mit dem Analogausgang steht eine steuerbare Spannungsquelle zur Verfügung, die im einfachsten Fall ein- oder ausgeschaltet wird. Mit dem Wert 255 liefert dieser Ausgang seinen höchsten Spannungswert, der allerdings mit ca. 4,2 Volt unter 5 Volt bleibt, da am Ausgang die LED mit Vorwiderstand fest verbaut ist. Der Wert 0 schaltet die Spannung auf 0 Volt, was einer Verbindung mit GND bzw. Masse entspricht. Diese steuerbare Spannungsquelle dient als Speisung für eine Reihenschaltung von Widerstand und Kondensator, wie bereits in Abbildung 5-9 an anderer Stelle zeigt. Das Programm beginnt mit der Aufladung und setzt voraus, dass das Produkt aus Widerstand und Kondensator etwa einer Sekunde entspricht, wie das bei 1k und 1000µ der Fall ist, so dass nach fünf Sekunden beide Vorgänge jeweils praktisch beendet sind. Beim Umschalten der Spannungsquelle erklingt ein Signalton. Das Programm läuft ohne Wiederholung, lässt sich jedoch mit F5 starten, um Eingang A am Messwerk oder im TY-Schreiber zu beobachten.

```
PROGRAMM
 Neues Blatt
 Schreibe PCF8591 Auf-/Entladung RC
 Zahl = 255
 Schreibe aufladen
 SignalTon
 Ausgang 0 = A
 Warte 5 Sekunden
 SignalTon
 Schreibe entladen
 Zahl = 0
 Ausgang 0 = A
 Warte 5 Sekunden
 SignalTon
ENDE.
```

Das Ergebnis entspricht nur zum Teil den Erwartungen. Insbesondere fällt beim Entladevorgang eine unschöne Verformung der natürlichen Abklingkurve auf, die offensichtlich auf die verwendete Spannungsquelle zurückzuführen ist. Widerstand und grüne LED am Ausgang des Wandlers verfälschen das Ergebnis deutlich. Eine Unterbrechung der rückseitigen Leiterbahn zwischen grüner LED und R4 wäre eine Option. Alternativ kann als schaltbare Spannungsquelle ein digitaler Ausgang eines PCF8574 Verwendung finden.

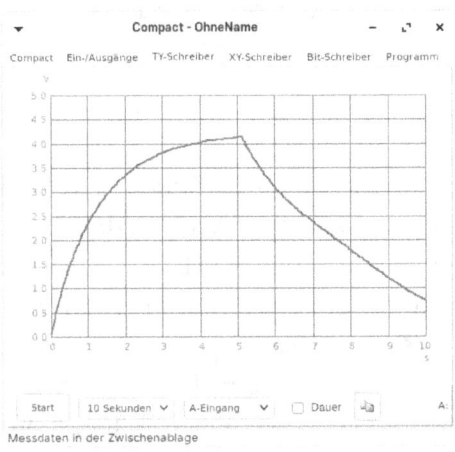

Abbildung 8-10: Belasteter Ausgang verfälscht die Darstellung

Selbst die Aufladekurve ist verfälscht, wie die folgende Auswertung zeigt. Die theoretische Zeitkonstante ist weit von der Sekunde entfernt, wie der im Exponenten der Funktion der Trendlinie zu sehen ist. Zur Auswertung erfolgte eine Umkehrung der Auflade-Werte in Spalte C.

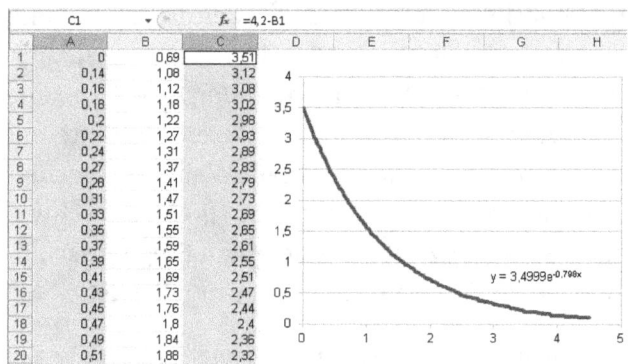

Abbildung 8-11: Überprüfung der Entladefunktion

8.7.4 Messbrücke mit PCF8591

In Abbildung 8-9 ist zu erkennen, dass der Spannungsteiler mit dem LDR und das Potentiometer auch als Messbrücke aufgefasst werden können und die Brückenspannung zwischen Eingang A und Eingang B liegt. Alle drei Analogeingänge liegen an eigenen Spannungsteilern bei gesteckten Jumpern, die sich zu Messbrücken kombinieren lassen.

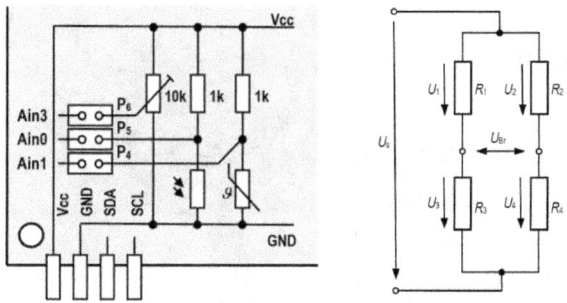

Abbildung 8-12: PCF8591-Platine und allgemeine Widerstands-Messbrücke

Mit der Platine sind so die Messungen aus Kapitel 5, die auf diesem Prinzip beruhen, ohne zusätzliche Hardware möglich.

8.8 ADS1115: Analog/Digital-Wandler

Eine hohe Auflösung in Verbindung mit einem integrierten Vorverstärker sind die hervorzuhebenden Merkmale eines ADS1115-Bausteins. Der Wandler ist preiswert und benötigt lediglich zwei I²C-Leitungen um analoge Spannungen an insgesamt 4 Eingängen mit 16-Bit-Auflösung zu digitalisieren. Das Breakout lässt sich durch Verschaltung der ADDR-Leitung mit z. B. zwei verschiedenen Adressen betreiben, wodurch Konflikte mit anderen Busteilnehmern vermieden werden können. Weiterhin verfügt der Baustein über einen programmierbaren Verstärker (PGA), um schwache Signale in verschiedenen Stufen anzuheben und einen Eingangsschalter (MUX), wodurch ein Betrieb als Differenzverstärker möglich ist.

Abbildung 8-13: 4x Analog-Eingang mit 16 Bit und Verstärker: ADS1115

Wir dieser Baustein am I²C-Bus entdeckt und sind keine anderen seriellen Schnittstellen aktiv, so benutzt *Compact Red Needle* diesen Wandler für die beiden Analogen Eingänge A und B, allerdings lediglich in einer reduzierten 8-Bit-Auflösung und in der Grundkonfiguration. Eine entsprechende Anzeige unterhalb des Schriftzuges *Schnittstellen* im Startbildschirm zeigt die erkannte Komponente zusätzlich an.

8.9 BH1750: Lux-Sensor

Kommt ein Lux-Sensor BH1750 als Teilnehmer mit der Adresse 0x23 hinzu, so reagieren die beiden analogen Eingänge auf diesen Sensor. Die beiden Bytes, die zusammen 65535 Lux als Messwert liefern können sind auf beide Anzeigen verteilt, so dass der A-Eingang das höherwertige Byte und Eingang B das niederwertige Byte anzeigt, wodurch auch mit 8 Bit sensible und grobe Messungen möglich sind.

Abbildung 8-14: Lux-Sensor I2C

9 ANHANG

9.1 BEFEHLSÜBERSICHT

Grundbefehle in der Reihenfolge der Programmier-Tabs.

Ausgang

Verändert am Interface den Zustand eines der acht Digital-Ausgänge.

Parameter 1
0 - 7   Nummer des Ausgangs, der verändert werden soll
Zufallswert   Es wird ein zufälliger Ausgang gewählt

Parameter 2
O   Der angegebene Ausgang wird ausgeschaltet
I   Der angegebene Ausgang wird eingeschaltet
T   Schaltet den Zustand dieses Ausgangs um

```
Beispiel :
 ...
 Ausgang 0 = I
 Ausgang 1 = O
 Ausgang 2 = T
 Ausgang Zufallswert = T
 ...
```

Ausgänge

Verändert den Zustand der Digital-Ausgänge.

Parameter :   Dezimalzahl zwischen 0 und 255 oder ...

IIOOTTXX   Verändert die Ausgänge nach dem angegebenen Muster

O   Der Ausgang wird ausgeschaltet
I   Der Ausgang wird eingeschaltet
T   Schaltet den Zustand dieses Ausgangs um
X   Der Zustand dieses Ausgangs bleibt unverändert
Zahl   Setzt die Ausgänge auf den Wert der Variablen Zahl
Zufallswert Setzt alle Ausgänge zufällig
Eingänge   Die Ausgänge erhalten den Zustand der Eingänge
A-Eingang erhalten den Wert des analogen A-Eingangs
B-Eingang erhalten den Wert des analogen B-Eingangs

```
Beispiel :
...
 Ausgänge = IOIIIOIO
 Ausgänge = 254
 Ausgänge = Zahl
 Ausgänge = A-Eingang
...
```

Zahl

Verändert die Variable Zahl.

Parameter 1

=   setzt die Variable gleich dem zweiten Parameter
+ , -   addiert/subtrahiert den zweiten Parameter
* , /   sultipliziert/dividiert den zweiten Parameter

Parameter 2

              Dezimalzahl zwischen 0 und 255 oder...
A-Eingang   Der Wert des analogen A-Eingangs
B-Eingang   Der Wert des analogen B-Eingangs
Zufallswert   Ein Zufallswert zwischen 0 und 255
Eingänge   Der binäre Wert der 8 Eingänge

Hinweis:
Wenn durch die Operation die Grenzen von 0 bzw. 255 überschritten werden, erfolgt ein Übertrag auf Null.

```
Beispiel :
...
 Zahl = 255
 Zahl - IOIOIOIO
 Schreibe Zahl
 Zahl * A-Eingang
 Zahl / B-Eingang
 Schreibe Zahl
...
```

Warte

Wartet die angegebene Zeit ab.

Parameter   Zeitdauer in Sekunden

```
Beispiel :
...
 Schreibe "Dies sind 10 Sekunden..."
 Warte 10 Sekunden
 Schreibe "... und das nur 0.5 ... "
 Warte 0.5 Sekunden
 Schreibe "...Sekunden !"
...
```

Uhr Start

Setzt die Variable Zeit auf Null und startet die interne Uhr.

Parameter   Keine

Hinweis:

Nach und während dem Befehl "Uhr Start" kann der Stand der internen Uhr mit dem Befehl *Schreibe Zeit* ausgegeben werden.

```
Beispiel :
...
 Uhr Start
 Wiederhole
        Schreibe "Interne Uhr ist :" Zeit
 Bis Tastendruck
 Uhr Stop
 Schreibe "Interne Uhr ist stehengeblieben bei" Zeit
```

...

Uhr Stop

Stoppt die interne Uhr.

Parameter   Keine.

Hinweis:
Die Zeit kann mit dem Befehl "Schreibe Zeit" ausgegeben werden.

```
Beispiel :
...
 Uhr Start
 Wiederhole
        Schreibe "Interne Uhr ist :" Zeit
 Bis Tastendruck
 Uhr Stop
 Schreibe "Interne Uhr ist stehengeblieben bei" Zeit
...
```

Neues Blatt

Löscht das Ausgabefenster, das vom Befehl *Schreibe* benutzt wird.

Parameter   Keine

```
Beispiel :
...
 Schreibe "Dieser Text ist nur kurz zu sehen..."
 Warte 2 Sekunden
 Neues Blatt
 Schreibe "...fertig."
...
```

Schreibe

Gibt die Parameter im Ausgabefenster aus.

Parameter

Zeit	Stand der internen Uhr in Sekunden
A-Eingang	Wert des A-Eingangs
B-Eingang	Wert des B-Eingangs
Zufallswert	Zufallswert zwischen 0 und 255
Eingänge	binärer Zustand der Eingänge 0 - 7
Zahl	Wert der Variablen Zahl
Text	Ein beliebiger Text

```
Beispiel :
...
 Uhr Start
 Schreibe Eingang A ist A-Eingang
 Schreibe Eingang B ist B-Eingang
 Schreibe Eine Zufallszahl Zufallswert
 Schreibe Digitaleingänge sind Eingänge, t = Zeit
 Uhr Stop
...
```

SignalTon

Gibt einen kurzen Ton aus.

Parameter   keine

```
Beispiel :
...
 SignalTon
 Schreibe "Achtung!"
...
```

Wiederhole ... Bis [Bedingung]

Die zwischen *Wiederhole* und *Bis* [Bedingung] stehenden Befehle werden solange wiederholt, bis während deren Bearbeitung der Zustand [Bedingung] eingetreten ist. Dabei kann größer als, kleiner als und gleich als Vergleichsoperand benutzt werden. Die Vergleichsmöglichkeiten hängen vom gewählten Parameter ab.

Bedingungen:

Tastendruck	Schleife wird nach einem Tastendruck verlassen
Durchläufe	nach einer bestimmten Zahl von Durchläufen
Zeit ... Sekunden	vor/bei/nach einer bestimmten Zeit
Zahl	bis Zahl gleich, größer, kleiner Vergleichswert
A-Eingang	bis A gleich, größer, kleiner Vergleichswert
B-Eingang	bis B gleich, größer, kleiner Vergleichswert
Eingänge	bis Eingänge gleich, größer, kleiner ...
Eingang	bis ein bestimmter Eingang I oder O ist

```
Beispiel :
...
 Wiederhole
       Schreibe "drücke eine Taste..."
 Bis Tastendruck
```

Wenn [Bedingung] Dann ... Sonst ... EndeWenn

Im Gegensatz zur *Wiederhole ... Bis* - Schleife wird hier eine Bedingung geprüft und je nach Ergebnis eine Folge von Befehlen abgearbeitet.

Bedingungen:

Tastendruck	Die Bedingung ist gedrückte Strg-Taste
Durchläufe	Vergleich mit Wert Durchlauf-Zähler
Zeit ... Sekunden	wenn Zeit gleich, größer, kleiner ...
Zahl	wenn Zahl gleich, größer, kleiner ...
A-Eingang	wenn A gleich, größer, kleiner ...
B-Eingang	wenn B gleich, größer, kleiner ...
Eingänge	wenn Eingänge gleich, größer, kleiner ...
Eingang	wenn ein bestimmter Eingang I oder O ist

```
Beispiel :
...
 Wenn Eingang 1 = I Dann
        Schreibe "Ja"
 Sonst
        Schreibe "Nein"
 EndeWenn
```

9.2 Verschaltung des Arduino als PC-Interface

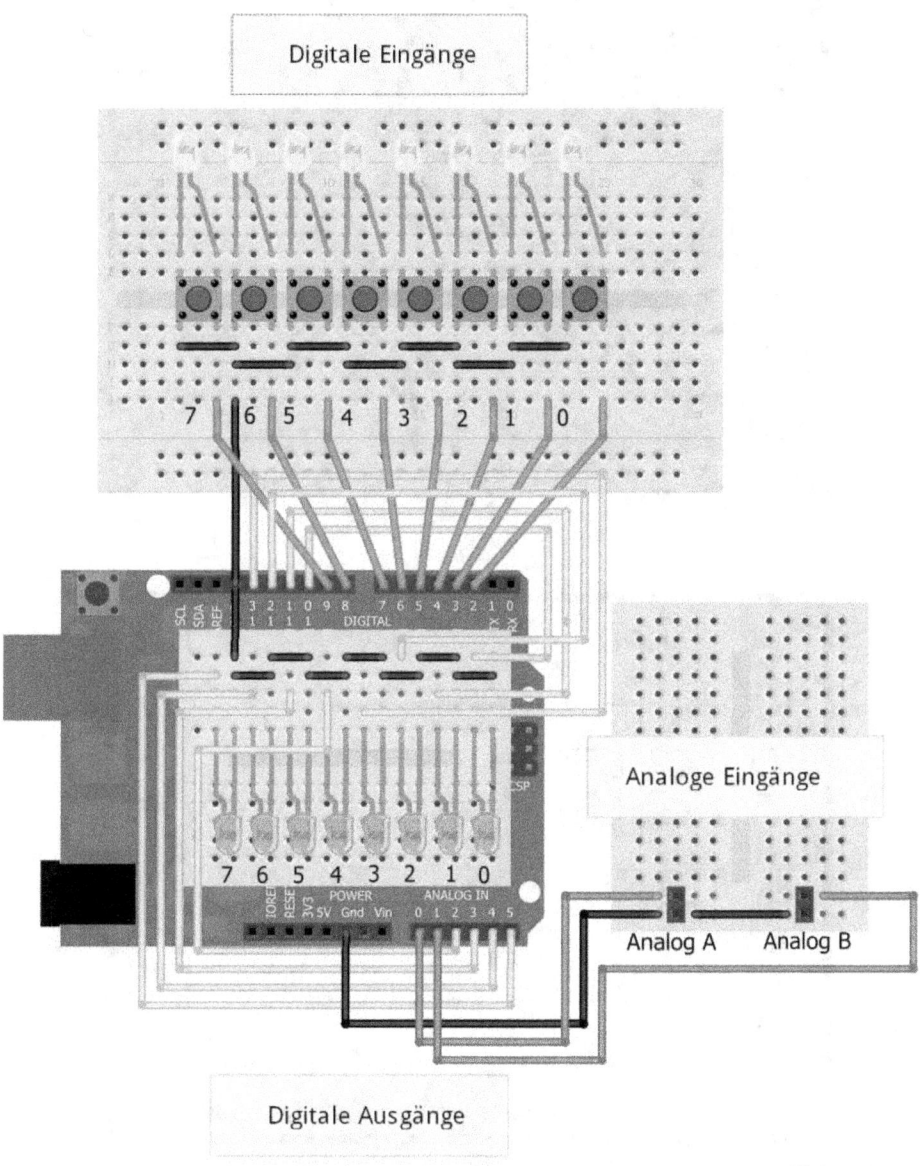

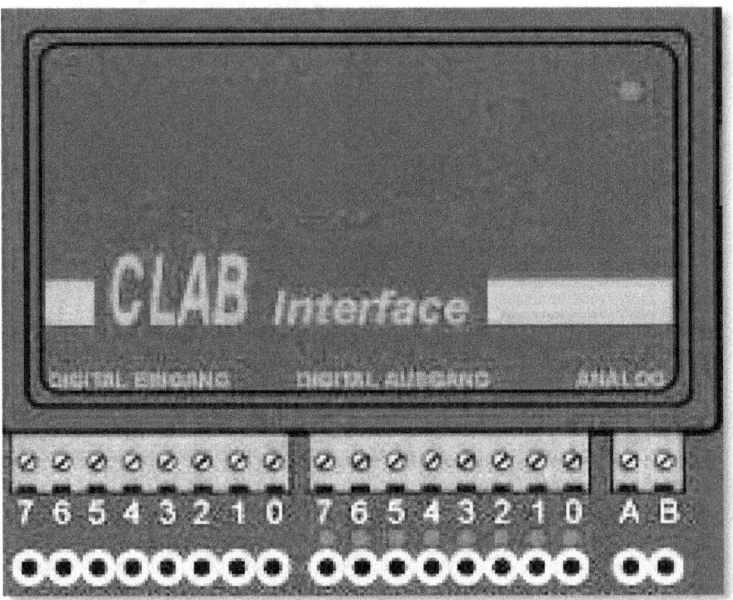

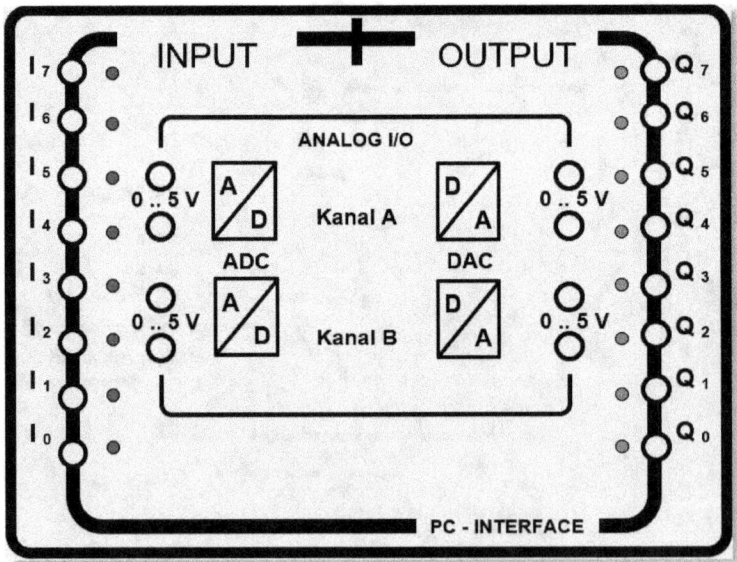

9.3 MicroPython Installation

Nach dem Auspacken eines neuen Raspberry Pi Pico muss zunächst MicroPython auf das Board kopiert werden. Dazu verbindet man zunächst ein USB-Kabel mit Mikro-Stecker mit der USB-Buchse des Pi Pico. Wäh-
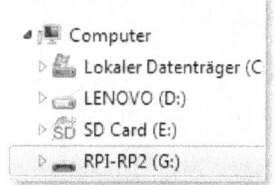
rend man den einzigen Taster mit der Beschriftung BOOTSEL gedrückt hält, verbindet man nun das Kabel mit dem anderen Ende mit dem PC. Moderne Betriebssysteme erkennen dann einen neuen Datenträger mit dem Namen *RPI-RP2*: als Laufwerk wie einen USB-Stick. Auf dem Datenträger befinden sich die Dateien *INDTEX.HTM* und *INFO_UF2.TXT*. Durch öffnen der Datei *INDEX.HTM* wird man auf die Internetseite des Raspberry Pi Pico gelenkt, von der eine Datei heruntergeladen werden muss, die das MicroPython für dieses Board enthält.

Auf der Seite kann man über einen Tab oder Button zur MicroPython- spezifischen Abteilung gelangen. Ein *'Download UF2 file'* Feld lädt die entsprechende Datei auf die Festplatte des PC. Diese sehr kleine Datei befindet sich im Download-Ordner des Benutzers und nennt sich *micropython* mit Datum der Erstellung und der Endung *.uf2*. Diese Datei muss nun durch Drag and Drop oder kopieren/einfügen auf das Laufwerk *RPI-RP2*: kopiert werden. Damit ist das Board mit der aktuellen MicroPython versehen und das Laufwerk meldet sich automatisch ab. Der Vorgang hat die Software auf den internen Speicher geflasht. Ab jetzt läuft MicroPython auf dem Pi Pico.

Im nächsten Schritt folgt die Installation der Programmierumgebung *Thonny*, einer populären und übersichtlichen IDE für Python und MicroPython. Das Programm steht kostenfrei auf *thonny.org* zum Download für das jeweilige Betriebssystem zur Verfügung.

Nach der Installation und kann Thonny gestartet werden. Die voreingestellte Sprache ist zunächst Python und kann bei eingestecktem Board mit dem Pi PICO auf sein MicroPython umgeschaltete werden. Dazu bewegt man die Maus in die unteren, rechten Ecke des *Thonny*-Fensters und klickt einmal auf die dort angezeigte Sprache. Ist der Raspberry Pi Pico an einer Schnittstelle automatisch gefunden worden, kann nun auf MicroPython auf dem Pico umgestellt werden.

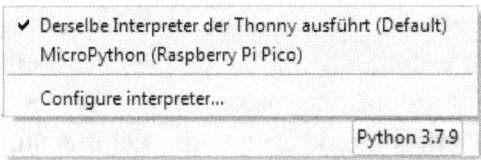

Ab nun kommuniziert *Thonny* über USB-Serial mit dem MicroPython auf dem Board.

Um einen ESP8266 oder dessen Nachfolger unter MicroPython zu verwenden ist der einmalige Download der Firmware aus dem Netz und der anschließende Upload auf das Board mittels *Thonny* erforderlich. Unter der URL

https://micropython.org/download/esp8266/

findet man die aktuelle Firmware, die z. B. unter dem Dateinamen *esp8266-20220117-v1.18.bin* im Download-Ordner landet. Im *Thonny*-Dialog *Configure Interpreter* ist etwas versteckt der Link zum Firmware-Upload unten rechts zu finden.

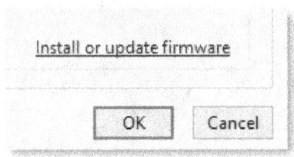

Darüber kann die Datei im Download-Ordner über eine Dateiauswahl zum ESP übertragen werden. Danach ist die Skript-Sprache einsatzbereit. Möglicherweise ist unter Windows ein zusätzlicher Treiber für die serielle Schnittstelle am ESP erforderlich, damit dieser in *Thonny* auch erkannt werden kann.

9.4 INI-Datei

In einer optionalen Konfigurationsdatei Compact.ini lassen sich die Voreinstellungen von *Compact Red Needle* ändern. Beim Start der Anwendung sucht *Compact* diese Datei und berücksichtigt die darin vorhandenen Einstellungen. An erster Stelle steht hier die voreingestellte Übertragungsgeschwindigkeit einer seriellen Verbindung, die sich individuell anpassen lässt. Ein #-Zeichen tu Beginn einer Zeile ist als Kommentar zu verstehen und wird vom Programm überlesen. Die individuelle Bytesteuerung des jeweiligen Interfaces ist hier ebenfalls einstellbar. Unter Linux können die Adressen der verschiedenen unterstützten I^2C-Komponenten den Anforderungen angepasst werden. Kommentare zeigen Voreinstellungen.

```
[Hard]
#Standard BT
#baudrate=9600
#stopbits=1

#SiosAlt
#baudrate=19200
#stopbits=2
#adc1=48
#adc2=49
#din=
#dout=
#aout=

#CamfaceCompuLabArduino
#adc1=60
#adc2=58

#Camface
#adc1=48
#adc2=50

#I2C Raspberry Computer defaults /dev/i2c-1
#Built in:   PCF8591 ADC/DAC 0x48=72
#            ADS1115 ADC     0x49=73; ADDR=Vcc; 0..5 Volt gain 2/3
#            PCF8574 I/O OUT 0x26=38; A
#            PCF8574 I/O IN  0x25=37; A
#            PCF8574 LCD1602    0x27=39; A0-A2 offen (HHH)
#            bh1750  ADC lux    0x23=35; lux = adc*256
#
#Dezimale Schreibweise 0x48=72, 0x27=39
```

```
#i2cadc=72
#i2cdac=72
#i2cdin=37
#i2clcd=39
#i2cdout=38
#i2cADS115=73
#i2cBH1750=35
#i2cBUS=/dev/i2c-1
```

9.5 Hinweise zu Hardware

Der Schnelleinstieg erfolgt mit einem Arduino Uno R3, der als Original von Arduino.cc vom jeweiligen Betriebssystem üblicherweise sofort erkannt wird. Preiswerte Nachbauten funktionieren mit CH34x-Treibern, die meist noch im Netz gesucht werden müssen.

 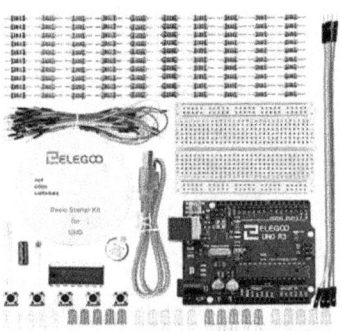

Abbildung 9-1: Typisches Einsteiger-Kit mit kompatiblem Arduino R3

Die weitere Hardware ab Kapitel 3 verwendet überwiegend Widerstände und Leuchtdioden, wobei die Werte meist eine untergeordnete Rolle spielen. Oft kommt es nur auf Verhältnisse oder Gleicheit an. Zusammengefasst sind dies in diesem Gesamtband:

Widerstände: 0,25 W Kohleschicht oder Metallfilm: 1x 220, 1x 330, 2x 1k, 8x 2k2, 1x 8k2, 23x 10k, 1x 47k oder 2x 100k parallel, 2x 100k, Poti 10k, LDR

Kondensator: Elektrolyt: 1x 10µ

LED: Rot, Grün Gelb

IC und Sensoren: LM35, LM358, YZC-133

Breakouts usw.: HC-06, MCP4725, Servo, Relais, Taster

I²C unter Linux: PCF8574 und LCD, 2xPCF8574, PCF8591, ADS1115, BH1750

Arduino Alternativen: Raspberry Pi Pico mit RP2040, DigiSpark

Die Auflistung der Bauelemente nach Kapiteln stellt sich wie folgt dar:

Kapitel 3

- Arduino Uno R3, 8 Taster 16x LED
- 3.1.2 LED rt, ge, gn
- 3.1.3 LED, Taster
- 3.1.4 Relais-Breakout
- 3.2.3 1k, 10µ

Kapitel 4

- 4.1 10k x2, Poti 10k
- 4.3 10k x3
- 4.4 10k x2
- 4.5 10k x4
- 4.6 1k x2, 2k2
- 4.7 2k2 x8, 1k
- 4.8 1k, LED
- 4.9 10k x23
- 4.10 220, LED

Kapitel 5

- 5.1 LM35, LM358, 1k, 8k2
- 5.2 LM358, 680k, 330
- 5.3 LM358
- 5.4 LM358, 2k2, 100k
- 5,5 1k, 1000µ oder 100k, 10µ
- 5.6 LDR 10k x2, 1k
- 5.7 LDR 10k x2, 1k, LM358, 10k x4
- 5.8 YZC-133, 10k x2, 1k x2, 100k, 330
- 5.9 LM358 x2, 10k x5, LDR, 1k
- 5.10.1 LM358, 10k x3, 1k, 47k, LDR
- 5.10.2 LM358, 10k x3, 1k, LDR, 100k

Kapitel 7

- 7.1 HC-06 Bluetooth Modul
- 7.2 DigiSpark
- 7.3 Raspberry Pi Pico
- 7.4 MCP4725
- 7.5 Servo-Motor Arduino

Kapitel 8 Linux I^2C

- 8.5 PCF8574
- 8.6 PCF8574 und LCD-Anzeige 2x16
- 8.7 PCF9591 mit LDR, Poti, Thermistor und ADC/DAC
- 8.8 ADS1115 ADC x4
- 8.9 BH1750 Lux-Sensor

Monitorbuchsen mit I^2C zu Kapitel 8

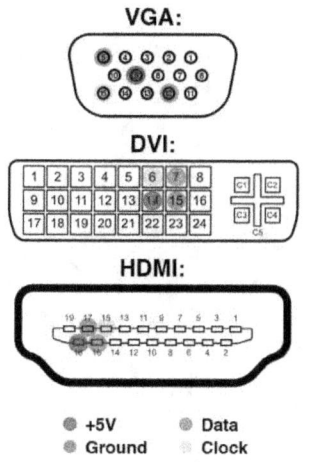

https://www.instructables.com/Worlds-Cheapest-I2C-I-Squared-C-Adapter/

Anhang

9.6 Listings

Um einen Mikrocontroller als PC-Interface für *Compact* zu verwenden, ist die Übertragung eines speziellen Programms für die jeweilige Hardware erforderlich. Der Standard-Sketch für einen Arduino Uno ist in *Compact* als Binärdatei integriert und kann über den Tab *Compact* ohne zusätzliche Software in einen UNO übertragen werden. Für abweichende Hardware sind hier weitere Beispiele angegeben.

9.6.1 Sketch CLAB Standard Arduino

```
#define AIN1 60
#define AIN2 58
#define DIN 211
#define DOUT 81
#define AOUT 64
#define PWMPIN 10

//DIGITAL OUT PINS 0 - 7 CLAB
byte Douts[] = {10,11,12,13, 16,17,18,19};
//DIGITAL IN  PINS 0 - 7 CLAB
byte Dins[]  = { 2, 3, 4, 5,  6, 7, 8, 9};
//ANALOG IN PINS A - B CLAB
byte Ains[]  = {0,1};
//BitValues
byte Bits[]  = {1,2,4,8,16,32,64,128};

void setup()
{ Serial.begin(9600); //Special CLAB
  for(int i= 0;i<8;i++)pinMode(Douts[i],OUTPUT);
  for(int i= 0;i<2;i++)pinMode(Ains [i],INPUT);
  for(int i= 0;i<8;i++)
  {pinMode(Dins [i],INPUT);// OPEN IS HIGH
    digitalWrite(Dins[i],HIGH); //WITH PULLUP
  }
}

void loop()
{ int i, val, inbyte; byte b;
  val = Serial.available(); //Was da?
  if (val>0)
  {inbyte=Serial.read(); //abholen
    delay(5);
    switch(inbyte)
```

```
    { case 13   : //CLAB ID nur bei Compact 1.75!
                  Serial.write(2);delay(2);break; //ID
      case AOUT: b=Serial.read(); //Ausgabebyte holen
                 analogWrite(PWMPIN,b);
                 break;
      case DIN : for(i=0,b=0;i<8;i++) //PINS to BYTE
                   b+= (digitalRead(Dins[i])==HIGH?Bits[i]:0);
                 Serial.write(b);break;
      case AIN1: Serial.write(analogRead(Ains[0])>>2);break;
      case AIN2: Serial.write(analogRead(Ains[1])>>2);break;
      case DOUT: b=Serial.read(); //Ausgabebyte holen
                 for(i=0;i<8;i++)
                   digitalWrite(Douts[i],b&Bits[i]?HIGH:LOW);
                 break;
      default:   break;
    }
  }
  //delay(10);
}
```

9.6.2 Sketch CLAB MCP4725 DAC

Mit diesem Sketch und angeschlossenem MCP4725 reagiert der Ausgang des DAC auf die Analogausgaben von *Compact*. Die abweichenden Stellen vom Standard-Sketch sind unterstrichen.

```
#include <Wire.h>
#include <Adafruit MCP4725.h>
Adafruit MCP4725 dac;

#define AIN1 60
#define AIN2 58
#define DIN 211
#define DOUT 81
#define AOUT 64
#define PWMPIN 10


//DIGITAL OUT PINS 0 - 7 CLAB
byte Douts[] = {10,11,12,13,   16,17,18,19};
//DIGITAL IN  PINS 0 - 7 CLAB
byte Dins[]  = { 2, 3, 4, 5,    6, 7, 8, 9};
//ANALOG IN PINS A - B CLAB
byte Ains[]  = {0,1};
//BitValues
byte Bits[]  = {1,2,4,8,16,32,64,128};

void setup()
{ Serial.begin(9600); //Special CLAB
  for(int i= 0;i<8;i++)pinMode(Douts[i],OUTPUT);
  for(int i= 0;i<2;i++)pinMode(Ains [i],INPUT);
  for(int i= 0;i<8;i++)
  {pinMode(Dins [i],INPUT);// OPEN IS HIGH
   digitalWrite(Dins[i],HIGH); //WITH PULLUP
  }
  dac.begin(96);
  for(int i=0;i<7;i++)
  {digitalWrite(13,1);delay(200);
   digitalWrite(13,0);delay(200);
  }
}

void loop()
{int i, val, inbyte; byte b;
 val = Serial.available(); //Was da?
 if (val>0)
 {inbyte=Serial.read(); //abholen
  delay(2);
  switch(inbyte)
 {case 13  : //CLAB ID nur ab Compact 1.75
```

```
                 Serial.write(2);delay(2); //ID
                 break;
    case AOUT: b=Serial.read(); //Ausgabebyte holen
                 dac.setVoltage(b<<4,false);analogWrite(PWMPIN,b);
                 break;
    case DIN : for(i=0,b=0;i<8;i++) //PINS to BYTE
                  b+= (digitalRead(Dins[i])==HIGH?Bits[i]:0);
                 Serial.write(b);
                 break;
    case AIN1:
    case 48:   Serial.write(analogRead(Ains[0])>>2);break;
    case AIN2:
    case 49:   Serial.write(analogRead(Ains[1])>>2);break;
    case DOUT: b=Serial.read(); //Ausgabebyte holen
                 for(i=0;i<8;i++)
                   digitalWrite(Douts[i],b&Bits[i]?HIGH:LOW);
                 break;
    default:   break;
   }
 }
 //delay(10);
}
```

9.6.3 SKETCH CLAB SERVO

Mit diesem Sketch und angeschlossenem Servo-Motor erfolgt eine Steuerung des Motors über die Analogausgabe von *Compact*. Die abweichenden Stellen vom Standard-Sketch sind unterstrichen.

```
#include <Servo.h>
Servo myservo;

#define AIN1 60
#define AIN2 58
#define DIN 211
#define DOUT 81
#define AOUT 64
#define PWMPIN 10

//DIGITAL OUT PINS 0 - 7 CLAB
byte Douts[] = {10,11,12,13,  16,17,18,19};
//DIGITAL IN  PINS 0 - 7 CLAB
byte Dins[]  = { 2, 3, 4, 5,   6, 7, 8, 9};
//ANALOG IN PINS A - B CLAB
byte Ains[]   = {0,1};
//BitValues
byte Bits[]   = {1,2,4,8,16,32,64,128};


void setup()
{ Serial.begin(9600); //Special CLAB
  for(int i= 0;i<8;i++)pinMode(Douts[i],OUTPUT);
  for(int i= 0;i<2;i++)pinMode(Ains [i],INPUT);
  for(int i= 0;i<8;i++)
  {pinMode(Dins [i],INPUT);// OPEN IS HIGH
    digitalWrite(Dins[i],HIGH); //WITH PULLUP
  }
  myservo.attach(PWMPIN);
}

void loop()
{ int i, val, inbyte; byte b;
  val = Serial.available(); //Was da?
  if (val>0)
  {inbyte=Serial.read(); //abholen
   delay(5);
   switch(inbyte)
   { case 13   : //CLAB ID ab bei Compact 1.75!
                Serial.write(2);delay(2);break; //ID
     case AOUT: b=Serial.read(); //Ausgabebyte holen
                //analogWrite(PWMPIN,b);
                myservo.write(b);
                break;
```

```
      case DIN : for(i=0,b=0;i<8;i++) //PINS to BYTE
                   b+= (digitalRead(Dins[i])==HIGH?Bits[i]:0);
                 Serial.write(b);break;
      case AIN1: Serial.write(analogRead(Ains[0])>>2);break;
      case AIN2: Serial.write(analogRead(Ains[1])>>2);break;
      case DOUT: b=Serial.read(); //Ausgabebyte holen
                 for(i=0;i<8;i++)
                   digitalWrite(Douts[i],b&Bits[i]?HIGH:LOW);
                 break;
      default:   break;
    }
  }
  delay(10);
}
```

9.6.4 SKETCH CLAB DIGISPARK

Um den kleinsten Arduino der Welt mit *Compact* zu verwenden, kann der nachfolgende Sketch für die Arduino-IDE übertragen werden.

```
#include <SoftSerial.h>
#include <TinyPinChange.h>

#define   RX    2 //BluetoothSerial
#define   TX    3 //BluetoothSerial
#define   OUT   1 //LED

SoftSerial mySerial(RX, TX);
#define Serial mySerial

#define AIN1 60
#define AIN2 58
#define DIN 211
#define DOUT 81

byte Ains[]  = {4,5}; //ANALOGPINS

void setup()
{ Serial.begin(9600);
  pinMode(0, OUTPUT);
  for(int i= 0;i<2;i++)pinMode(Ains[i], INPUT);
}

void loop()
{ int i,val,inbyte ;byte b;
  val = Serial.available(); //Was da?
  if (val>0)
  {inbyte=Serial.read(); //abholen
   delay(1);
   switch(inbyte)
  { case 13  : Serial.write(2);delay(2);break; //ID
    case DIN : Serial.write(255);break; //Für Compact
    case AIN1: Serial.write(analogRead(2)>>2);break;
    case AIN2: Serial.write(analogRead(0)>>2);break;
    case DOUT: b=Serial.read(); //Ausgabebyte holen
               digitalWrite(OUT,b==1?HIGH:LOW);
               break;
    default:   break;
  }
 }
 delay(5);
}
```

9.6.5 SCRIPT USB.CLAB.PY FÜR RP2040

Das Skript für einen Raspberry Pi Pico mit RP 2040 ist in MicroPython formuliert und kann z. B. mit Thonny übertragen werden.

```python
import micropython
from sys import stdin, stdout, exit
from time import sleep,sleep_ms
from machine import ADC, Pin

NOTAUS = Pin(22,Pin.IN,Pin.PULL_DOWN) ##NOTAUS Pin(22)=HIGH

AIN1 = 60
AIN2 = 58
DIN = 211
DOUT = 81

print('CL')
micropython.kbd_intr(-1)
while True:
    byte=bytearray(1)
    if NOTAUS.value():
        micropython.kbd_intr(3)
        print("NOTAUS")
        exit()
    inbyte=int.from_bytes(stdin.buffer.read(1),'big') #BUFFER!
    byte[0]=inbyte

    if inbyte == 13:
        byte[0]=2
        stdout.write(byte)      # Serial.write(2);delay(2);break; //ID
        sleep_ms(2)
    elif inbyte == DIN:
        din = 0
        for i in range(8):
            din = din | (Pin(08+i,0,2).value() << i)
        byte[0] = din
        stdout.write(byte)
    elif inbyte == AIN1:
        b = ADC(0).read_u16() >> 8
        byte[0]=b
        stdout.buffer.write(byte)
    elif inbyte == AIN2:
        b = ADC(1).read_u16() >> 8
        byte[0]=b
        stdout.buffer.write(byte)
    elif inbyte == DOUT:
        b=int.from_bytes(stdin.buffer.read(1),'big')
        for i in range(8):
```

```
            Pin(i+00,Pin.OUT).value(b &  1<<i > 0)
      byte[0]=b
else:
    pass
```

Anhang

Literaturverzeichnis

[1] Messen, Steuern und Regeln mit Word und Excel, H.-J. Berndt / B. Kainka, VBA-Makros für die serielle Schnittstelle, 3., aktualisierte Auflage, Franzis-Verlag GmbH, 85586 Poing, 2001, ISBN 3-7723-4094-6,REPRINT: Independently published 2017, ISBN-10: 1549618709, ISBN-13: 978-1549618703

[2] Messen mit dem Smartphone, H.-J. Berndt, Eigene Programme auf Android Tablet und Phone, Herausgeber: Independently published 2013/2017, ISBN-10: 1549621912, ISBN-13: 978-1549621918

[3] Messen und Steuern mit dem Smartphone, H.-J. Berndt, Bluetooth, USB, RS232, Arduino mit Android Tablet/Phone, Independently published 2015, ISBN-10: 1549620916, ISBN-13: 978-1549620911

[4] Messen Steuern Regeln mit dem Smartphone und Tablet, H.-J. Berndt, TCP/IP, WiFi, Bluetooth, USB, RS232 im Zusammenspiel mit Android, Windows, ESP8266, Digispark, Arduino u.a., Independently published 2017, ISBN-10: 152185792X, ISBN-13: 978-1521857922

[5] Messen, Steuern und Regeln mit WiFi und ESP-BASIC, H.-J. Berndt, Independently published 2019, ISBN-10: 1074686101, ISBN-13: 978-1074686109

[6] Messen, Steuern und Regeln mit MicroPython und RP2040, H.-J. Berndt, Raspberry Pi Pico: Einführung, Beispiele, Anwendungen, ISBN-13: 979-8524342102, Independently published (8. Juli 2021)

Abbildungsverzeichnis

Abbildung 1-1: Phantom-PC-Interface für Compact Red Needle Edition 20
Abbildung 1-2 Startbildschirm von Compact Red Needle bei erkanntem Arduino 21
Abbildung 2-1: Typische analoge Anzeige des PC-Interfaces Arduino in Compact 23
Abbildung 2-2: Digitale Ein- und Ausgänge 24
Abbildung 2-3: Optionen und Schnittstellen des Startbildschirms 24
Abbildung 2-4: Zeitschreiber schreibt simulierte Schwingungen 26
Abbildung 2-5: TY-Daten in einer Tabellenkalkulation über die Zwischenablage 27
Abbildung 2-6: Zweikanal-Darstellung des YT-Schreibers bei 10facher Simulation 28
Abbildung 2-7: Addition und Subtraktion von Kanal A und Kanal B 28
Abbildung 2-8: Multiplizierte Eingangskanäle 29
Abbildung 2-9: Programmierter Trigger für Kanal A 30
Abbildung 2-10: Bedienfeld des XY-Scheibers 31
Abbildung 2-11: XY-Schreiber im Simulationsbetrieb 32
Abbildung 2-12: Summen und Differenzen im Simulationsbetrieb 33
Abbildung 2-13: Programmgesteuerte XY-Messung 33
Abbildung 2-14: Bit-Schreiber bzw. Logik-Analysator mit Simulationswerten 34
Abbildung 2-15: UND-Verknüpfung von Bit 0 mit 1 und das Ergebnis in Bit 2 34
Abbildung 2-16: Programmierumgebung von Compact Red Needle 35
Abbildung 2-17: Programm- und Kontext-Menü im Programmfenster 36
Abbildung 2-18: Wiederhol-Struktur und ihre Bedingungen 38
Abbildung 2-19: Bedingungen für Programm-Verzweigungen 39
Abbildung 2-20: Programm zur Ausgabe von Hallo Welt in Compact 40
Abbildung 2-21: Ergebnis des Programms Hallo Welt nach der Ausführung 40
Abbildung 2-22: Programm mit Wiederholung und Zuweisung 41
Abbildung 2-23: Speichern eines Compact-Programms 43
Abbildung 2-24: Ergebnis des Programms im Tab Ein-und Ausgänge 45
Abbildung 2-25: Umschalten für alle 8 Ausgänge. Bit 3 war gesetzt. 45
Abbildung 2-26: Getriggerte TY-Schreiber-Aufzeichnung 51
Abbildung 3-1:Mögliches PC-Interface Arduino mit 18 Ein- und Ausgangsleitungen und die Vorlage (Fritzing-Skizze auch im Anhang 9.2) 54
Abbildung 3-2: Tooltips mit Hinweisen zu den jeweiligen realen Anschlüssen 55
Abbildung 3-3: Relais-Breakout und schematische Darstellung; NC: Öffner, NO: Schließer (Normal Closed, Normal Open) 59
Abbildung 3-4: Analog-Ausgang manuell und per Programm – fade LED 63
Abbildung 3-5: Analog-Ausgabe PWM mit 2 und 4 Volt an Pin 10 des Arduino 65
Abbildung 3-6: Zappelfreie Analoganzeige am PWM-Ausgang mit Tiefpass 67
Abbildung 3-7: Tiefpass mit R = 10 kΩ und C = 10 µF (Polarität beachten) für PWM 67
Abbildung 4-1: Gleichspannung an den analogen Eingängen A0 und A1 am Arduino 69

Abbildung 4-2: Spannungsteiler mit zwei Widerständen 70
Abbildung 4-3: Potentiometer als variabler Spannungsteiler..71
Abbildung 4-4: Schaltungsaufbau und Messergebnis der Reihenschaltung 74
Abbildung 4-5: Messbereichserweiterung auf 10 Volt 76
Abbildung 4-6: Alle drei auftretenden Spannungen der gemischten Schaltung.....................77
Abbildung 4-7: Überprüfung der Gesetzmäßigkeit bei parallelen Widerständen 78
Abbildung 4-8: Praktische Bestätigung theoretischer Zusammenhänge 79
Abbildung 4-9: Strommessung in Compact 80
Abbildung 4-10: Strom-/Spannungsmessung 5 V und 1,55 mA...81
Abbildung 4-11: D/A-Wandler nach der 8-4-2-1-Methode..82
Abbildung 4-12: Gesteuerte Spannungstreppe im TY-Schreiber: ohne Last, mit Last 1k 83
Abbildung 4-13: Kennlinien von drei verschiedenen Widerständen im Tabellenblatt 84
Abbildung 4-14: Kennlinienaufnahme mit verschiedenen Spannungsstufen 85
Abbildung 4-15: Screenshot der Kennlinienaufnahme, Messobjekt 1k-Widerstand...............86
Abbildung 4-16: Kennlinien in Compact: Silizium, LED gelb, LED grün (superhell) 86
Abbildung 4-17: Wandler mit 8 Bit mit der R2R-Methode 87
Abbildung 4-18: Umsetzung eines R2R-8-Bit-Wandlers mit Arduino 88
Abbildung 4-19: Blaue und rote LED und 1k Widerstand 93
Abbildung 4-20: Leerlaufspannung von Digital-Ausgang 0 an Eingang A................................94
Abbildung 4-21: Arduino Pin 10 als belastete Spannungsquelle 95
Abbildung 4-22: Strombegrenzung durch den Innenwiderstand 96
Abbildung 5-1: Temperatur-Sensor und Gleichspannungsverstärker......................................99
Abbildung 5-2: Etwa 10fache Verstärkung zwischen Analog A und Analog B 99
Abbildung 5-3: Aufheizkurve des LM35 und Verstärker 100
Abbildung 5-4: Einfacher Zugluft-Sensor im Eigenbau, Schaltplan und Fritzing-Skizze 101
Abbildung 5-5: Spannungsfolger mit LM358 102
Abbildung 5-6: Kennlinie einer LED mit PWM-Ausgang aus 3.2.3 103
Abbildung 5-7: Zweifach invertierte Verstärkung 104
Abbildung 5-8: Thermoelement mit 2fach-Invertierung und Fritzing-Skizze........................105
Abbildung 5-9: Aufbau zur Auf- und Entladekurve 106
Abbildung 5-10: Aufzeichnung der Auf- und Entladekurve in Compact 106
Abbildung 5-11: Entladekurve in Compact und in Excel oder Libre-Office-Calc 107
Abbildung 5-12: Entladekurve im logarithmischen Maßstab..107
Abbildung 5-13: Zwei Spannungsteiler und die Differenzspannung 108
Abbildung 5-14: Messbrücke mit Differenzverstärker 110
Abbildung 5-15: Messung mit und ohne Differenzverstärker...110
Abbildung 5-16: Manuelle Biegung des YZC-133 im TY-Schreiber von Compact...................111
Abbildung 5-17: Einfache Verstärkerschaltung für eine Wägezelle und Fritzing-Skizze 112
Abbildung 5-18: Entlastung der Waage um jeweils 100 g Vollnuss 113
Abbildung 5-19: Leuchtband zeigt Helligkeit stufenweise digitalisiert 114
Abbildung 5-20: Leuchtband im Bit-Schreiber und als Fritzing-Skizze 115

Abbildungsverzeichnis

Abbildung 5-21: Compact mit LDR-Leuchtband an den Digital-Eingängen 115
Abbildung 5-22: Komparator und Schmitt-Trigger mit ihrem Schaltverhalten 116
Abbildung 5-23: Schaltung des nicht-invertierenden Schmitt-Triggers für den LDR und resultierendes Schaltverhalten im Zeitschreiber von Compact 117
Abbildung 5-24: Hysterese von Komparator und nicht-invertierendem Schmitt-Trigger 117
Abbildung 5-25: Unipolare Speisung LM358 mit 0V/5V: Weiterhin klare Bedingungen am Ausgang, etwas geschliffene Flanken im unteren Bereich. 118
Abbildung 5-26: Nicht-invertierender Schmitt-Trigger im Fritzing-Layout 118
Abbildung 5-27: Schaltung und Ersatzschaltbild (ESB) für den Fall $U_e = U_{eAn}$ 119
Abbildung 5-28: Invertierender Schmitt-Trigger mit Compact-Zeit-Diagramm 121
Abbildung 5-29: Messtabelle und Hysterese des invertierenden Schmitt-Triggers 121
Abbildung 5-30: Schaltung und Ersatzschaltbild (ESB) für den Fall $U_e = U_{eAus}$ 123
Abbildung 6-1: Dualzahlen bzw. Binärzustände an den Digital-Ausgängen 126
Abbildung 6-2: UND-Gatter - Wahrheitstabelle, Schaltsymbol und Ersatzschaltung 127
Abbildung 6-3: UND-Verknüpfung im Bit-Schreiber Bit 2 = Bit 1 & Bit 0 128
Abbildung 6-4: ODER 129
Abbildung 6-5: NICHT 130
Abbildung 6-6: NAND, Wahrheitstabelle und Symbol 131
Abbildung 6-7: NOR, Wahrheitstabelle und Symbol 131
Abbildung 6-8: XOR, Wahrheitstabelle und Symbol 132
Abbildung 6-9: SR-Flip-Flop mit zwei NOR-Gattern und Wahrheitstabelle 135
Abbildung 6-10: Dualer Vorwärtszähler für 8 Bit (Ausschnitt) 137
Abbildung 6-11: Vorwärtszähler in Theorie und Praxis, mit und ohne Hardware 137
Abbildung 6-12: Bit 3-Abfrage mit Ausgabe an Bit 0 140
Abbildung 7-1: Binärdateien erzeugen und ohne Quelltext übertragen 145
Abbildung 7-2: Bluetooth-Modul HC06 als kabellose serielle Schnittstelle 146
Abbildung 7-3: Windows-Bluetooth-Einstellungen, Gerät hinzufügen und koppeln 147
Abbildung 7-4: Arduino via HC06-Bluetooth und Löschen eingehender Verbindungen 148
Abbildung 7-5: DigiSpark-Platine, die Anschlüsse und die Bestätigung 149
Abbildung 7-6: Raspberry-Pi-Pico mit RP2040 als Mess-Interface für Compact 150
Abbildung 7-77-8: Compact steuert DA-Wandler MCP4725 zur Kennlinienaufnahme mit Funktionsbibliothek 151
Abbildung 7-9: Servo-Motor als Digital/Winkel-Wandler im Bereich 0 bis 180° 152
Abbildung 8-1: Dark Theme unter Linux in der Entwicklungsphase 157
Abbildung 8-2: Mehrere I²C-Teilnehmer an einem Bus 159
Abbildung 8-3: Anschlussleiste eines Raspberry Pi Computers mit vier I²C-Anschlüssen ... 161
Abbildung 8-4 VGA-Buchse mit 5V, Gnd, SDA, SCL (vgl. Anhang) 162
Abbildung 8-5: PCF8691 übernimmt analoge Ein- und Ausgaben. 164
Abbildung 8-6: Erkannte I²C-Teinehmer am Raspberry Pi 2 Zero 167
Abbildung 8-7: PCF8574 als LCD-Display-Adapter und kaskadierbares 8 x 8 Modul 168
Abbildung 8-8: Begrüßung bei vorhandenem I²C-LCD-Display unter Linux 169
Abbildung 8-9: PCF8591-Breakout und Schaltplan (schematisch) 171

Abbildung 8-10: Belasteter Ausgang verfälscht die Darstellung 174
Abbildung 8-11: Überprüfung der Entladefunktion 175
Abbildung 8-12: PCF8591-Platine und allgemeine Widerstands-Messbrücke 175
Abbildung 8-13: 4x Analog-Eingang mit 16 Bit und Verstärker: ADS1115 176
Abbildung 8-14: Lux-Sensor I2C 176
Abbildung 9-1: Typisches Einsteiger-Kit mit kompatiblem Arduino R3 189

Stichwortverzeichnis

*.cpf 43
4116R-R2R L-103 92
8-4-2-1-Methode 82
ADS1115 176
Ampelschaltung 56
Ampelsteuerung 47
Analog-Ausgang 63, 172
Analog-Wandler 171, 176
Arduino 203
ArduinoDroid 145
Arithmetischer Mittelwert 66
Aufheizkurve 106
Aufladekurve 175
Avrdude 154
BH1750 176
bistabile Kippstufe 135
Blinken 55
Bluetooth 146
Brückenspannung 117
COM-Anschlüsse 25
CompuLAB 53
Datalogger 29
De Morgan 142
Differenzverstärker 110
DigiSpark 149
Digitaltechnik 125
DMS 111
Dualzähler 137
Elementarladung 72
ENDE 39
Entladevorgang 174

Erweiterte Befehle 49
Exponential-Funktion 107
Fade LED 63
Flip-Flop 135
Fotowiderstand 108
FTDI-Adapter 149
Halbaddierer 133
HC-06 Modul 146
HX711 113
Hysterese 117
I²C-Bus 159
i2cdetect 163
If-Then-Else 38
Innenwiderstand 94
Klemmenspannung 95
Kodeschloss 61
Komparator 114
Kondensator 106
Ladung 72
Lauflicht 46
LCD-Anzeige 168
LDR 108
Leitfähigkeit 73
Leitwert 72
Lissajous 32
LM35 98
LM358 97, 103, 113
Lux-Sensor 176
MCP4725 151
Messbereichserweiterung 75
Messwiderstand 85

MUX 176
NAND 131
NOR 131
NOT 130
ODER 129
Parallelwiderstand 77
PCF8574 168
PCF8591 171
Pi Pico mit RP2040 150
Potentiometer 71
PWM-Ausgang 63
R2R-Netzwerk 87
Reihenschaltung 74
Relais 59
rfcomm 164
Schaltschwellen 119, 123
Schiebeoperation 139
Schmitt-Trigger 116
SCL 161
SDA 161
Servo-Motor 152
Simulation 25
Spannung 72
Spannungsfolger 102
Spannungsteiler 70
Strom 72, 80
Strombegrenzung 96

Subtrahierer 110
Taster 58
Themes 157
Thermoelement 104
Tiefpass 67
Triggerung 30
tty 164
Umtaster 60
UND 127
Unwahr 37
Vergleicher 114
Wägezelle 111
Wahr 37
weiterte Bluetooth-Optionen 147
Widerstand 72
Wiederhole...Bis 38
XLoader 145, 154
XOR 132, 141
YZC-133 111
Zahl 36
Zorin 162
Zwischenablage 27, 31, 84, 107

Notizen:

www.ingramcontent.com/pod-product-compliance
Lightning Source LLC
Chambersburg PA
CBHW052349220526
45465CB00003BA/1034